U0161113

论优劣并筑器件
致广大而尽精微

白春礼

戊戌春月

中国科学院院长 白春礼院士 题

中国科学院科学出版基金资助出版

低维材料与器件丛书

成会明　总主编

拓扑绝缘体：基础及新兴应用

彭海琳　编著

科学出版社

北　京

内 容 简 介

拓扑绝缘体是一种内部绝缘、界面允许电荷移动的全新量子材料，是科技前沿领域近年来的研究热点。拓扑绝缘体具有独特的电子结构，涉及许多重要的物理现象和机制，并表现出优异的物理化学性质和广阔的器件应用前景。本书基于作者多年在拓扑绝缘体材料领域的科研工作，结合国内外最新研究进展，从拓扑绝缘体的理论基础出发，系统而深入地介绍了拓扑绝缘体的材料体系和相应的制备方法，并详细介绍了拓扑绝缘体材料的性质表征及器件应用前景。

本书同时涵盖了该领域的基础背景知识和最新研究进展，力求深入浅出、融会贯通，既可作为相关学科研究生和高年级本科生的入门学习参考书，也可为具有不同专业背景的研究人员提供指导和参考。

图书在版编目（CIP）数据

拓扑绝缘体：基础及新兴应用/彭海琳编著. —北京：科学出版社，2020.2
（低维材料与器件丛书/成会明总主编）
ISBN 978-7-03-064117-5

Ⅰ．①拓…　Ⅱ．①彭…　Ⅲ．①拓扑—绝缘体　Ⅳ．①TM21

中国版本图书馆 CIP 数据核字（2019）第 296111 号

责任编辑：翁靖一　李丽娇/责任校对：杜子昂
责任印制：赵　博/封面设计：耕者设计工作室

科学出版社 出版
北京东黄城根北街 16 号
邮政编码：100717
http://www.sciencep.com

涿州市般润文化传播有限公司印刷
科学出版社发行　各地新华书店经销
*

2020 年 2 月第　一　版　　开本：720×1000　1/16
2024 年 7 月第四次印刷　　印张：11
字数：220 000

定价：138.00 元
（如有印装质量问题，我社负责调换）

低维材料与器件丛书

编 委 会

总　序

人类社会的发展水平，多以材料作为主要标志。在我国近年来颁发的《国家创新驱动发展战略纲要》、《国家中长期科学和技术发展规划纲要（2006—2020年）》、《"十三五"国家科技创新规划》和《中国制造2025》中，材料都是重点发展的领域之一。

随着科学技术的不断进步和发展，人们对信息、显示和传感等各类器件的要求越来越高，包括高性能化、小型化、多功能、智能化、节能环保，甚至自驱动、柔性可穿戴、健康全时监/检测等。这些要求对材料和器件提出了巨大的挑战，各种新材料、新器件应运而生。特别是自20世纪80年代以来，科学家们发现和制备出一系列低维材料（如零维的量子点、一维的纳米管和纳米线、二维的石墨烯和石墨炔等新材料），它们具有独特的结构和优异的性质，有望满足未来社会对材料和器件多功能化的要求，因而相关基础研究和应用技术的发展受到了全世界各国政府、学术界、工业界的高度重视。其中富勒烯和石墨烯这两种低维碳材料的发现者还分别获得了1996年诺贝尔化学奖和2010年诺贝尔物理学奖。由此可见，在新材料中，低维材料占据了非常重要的地位，是当前材料科学的研究前沿，也是材料科学、软物质科学、物理、化学、工程等领域的重要交叉，其覆盖面广，包含了很多基础科学问题和关键技术问题，尤其在结构上的多样性、加工上的多尺度性、应用上的广泛性等使该领域具有很强的生命力，其研究和应用前景极为广阔。

我国是富勒烯、量子点、碳纳米管、石墨烯、纳米线、二维原子晶体等低维材料研究、生产和应用开发的大国，科研工作者众多，每年在这些领域发表的学术论文和授权专利的数量已经位居世界第一，相关器件应用的研究与开发也方兴未艾。在这种大背景和环境下，及时总结并编撰出版一套高水平、全面、系统地反映低维材料与器件这一国际学科前沿领域的基础科学原理、最新研究进展及未来发展和应用趋势的系列学术著作，对于形成新的完整知识体系，推动我国低维材料与器件的发展，实现优秀科技成果的传承与传播，推动其在新能源、信息、光电、生命健康、环保、航空航天等战略新兴领域的应用开发具有划时代的意义。

为此，我接受科学出版社的邀请，组织活跃在科研第一线的三十多位优秀科学家积极撰写"低维材料与器件丛书"，内容涵盖了量子点、纳米管、纳米线、石墨烯、石墨炔、二维原子晶体、拓扑绝缘体等低维材料的结构、物性及其制备方法，并全面探讨了低维材料在信息、光电、传感、生物医用、健康、新能源、环境保护等领域的应用，具有学术水平高、系统性强、涵盖面广、时效性高和引领性强等特点。本套丛书的特色鲜明，不仅全面、系统地总结和归纳了国内外在低维材料与器件领域的优秀科研成果，展示了该领域研究的主流和发展趋势，而且反映了编著者在各自研究领域多年形成的大量原始创新研究成果，将有利于提升我国在这一前沿领域的学术水平和国际地位、创造战略新兴产业，并为我国产业升级、提升国家核心竞争力提供学科基础。同时，这套丛书的成功出版将使更多的年轻研究人员和研究生获取更为系统、更前沿的知识，有利于低维材料与器件领域青年人才的培养。

历经一年半的时间，这套"低维材料与器件丛书"即将问世。在此，我衷心感谢李玉良院士、谢毅院士、俞书宏教授、谢素原教授、张跃教授、康飞宇教授、张锦教授等诸位专家学者积极热心的参与，正是在大家认真负责、无私奉献、齐心协力下才顺利完成了丛书各分册的撰写工作。最后，也要感谢科学出版社各级领导和编辑，特别是翁靖一编辑，为这套丛书的策划和出版所做出的一切努力。

材料科学创造了众多奇迹，并仍然在创造奇迹。相比于常见的基础材料，低维材料是高新技术产业和先进制造业的基础。我衷心地希望更多的科学家、工程师、企业家、研究生投身于低维材料与器件的研究、开发及应用行列，共同推动人类科技文明的进步！

成会明

中国科学院院士，发展中国家科学院院士
清华大学，清华-伯克利深圳学院，低维材料与器件实验室主任
中国科学院金属研究所，沈阳材料科学国家研究中心先进炭材料研究部主任
Energy Storage Materials 主编
SCIENCE CHINA Materials 副主编

拓扑绝缘体是一种新的量子物态。拓扑绝缘体的内部具有与传统绝缘体类似的体相带隙；而在拓扑绝缘体的表面或边界，存在受材料本征性质的拓扑保护且自旋劈裂的表面电子态，呈现线性的能量动量色散关系，需用狄拉克方程描述，被称为狄拉克费米子。由于拓扑绝缘体表现出体相绝缘、边界或表面导电的奇异物理特性，这种新型的量子材料很快引起了人们的广泛关注。

拓扑绝缘体奇特的边界/表面态受时间反演对称性保护，导致电子输运时自旋与动量锁定，且不会被非磁性杂质背散射，在自旋电子学和低功耗电子器件方面有潜在的应用前景。相关理论计算表明，在拓扑绝缘体与磁性材料或者超导材料界面，还可能发现新的物相和马约拉纳费米子（Majorana fermion），将可能应用于未来量子计算。拓扑绝缘体还与近年的研究热点，如量子霍尔效应、量子自旋霍尔效应和量子反常霍尔效应等关联密切，其基本特征都是利用物质中电子能带的拓扑性质来实现各种新奇的物理性质。

最早发现的拓扑绝缘体，可以追溯到 40 多年前发现的量子霍尔效应。量子霍尔效应于 1985 年和 1998 年两度获得诺贝尔物理学奖，开创了凝聚态物理学的新纪元。但由于这种效应的实现需要满足强磁场和低温两个条件，不利于推广应用。直到 2005 年，人们才发现不需要强磁场和低温条件，仅仅依靠任何材料都具有的自旋轨道耦合效应，就可以实现类似于量子霍尔效应中的电子态，即量子自旋霍尔效应态。这立刻引起了全球科学家们的重大关注。

华人科学家始终活跃在拓扑绝缘体研究领域的世界前沿，推动着拓扑绝缘体的理论和实验不断向前发展：一方面不断预言和开发新的拓扑绝缘体材料及合成方法；另一方面又利用拓扑绝缘体进行各种物理性质研究和应用探索，取得了举世瞩目的成就。

基本物理规律在物质材料应用层面的实践是人类持之以恒的追求。拓扑绝缘体本身具备的新颖物理特性为诸多应用提供了新的可能性，其中主要包括自旋电子器件、量子计算等。众所周知，电子学和微电子学在 20 世纪已经取得了重大成就。近几十年来，以金属-氧化物-半导体场效应晶体管为基本结构单元的大规模集成电路技术突飞猛进、日新月异，人类进入信息化时代。但是目前随着集成度的提高，晶体管越来越小，器件的接触、能耗问题日益突出。而操纵电子自旋，使电子自旋发生翻转所需要的能量要远远小于驱动电荷移动。因此，自旋电子学的发展为低功耗、高速器件提供了新的可能。而拓扑绝缘体表面具有自旋相关的导电通道，这意味着拓扑绝缘体在室温自旋电子学方面有潜在的应用前景，令拓扑绝缘体有望成为构筑低功耗、高速的纳电子器件的原材料。具体地说，电子在拓扑绝缘体的表面流动将自发地出现自旋极化电流，用异质结将铁磁体和拓扑绝缘体耦合在一起，可以实现表面电流控制铁磁体，从而开发新型自旋矩装置，为磁存储应用新技术的开发做准备。另外，如果将拓扑绝缘体和一个超导体连接在一起，由于近邻效应，其金属表面也可能成为超导体；与普通超导体不同，其存在零能量的表面态，以及满足非阿贝尔统计的激子，如马约拉纳费米子。非阿贝尔粒子的拓扑性质受对称性保护，不会由于微小扰动而使量子态退相干，这使得拓扑绝缘体可以用于量子计算。

笔者自 2008 年开始研究拓扑绝缘体，建立和发展了拓扑绝缘体二维纳米结构的可控生长方法，并开展其新奇物性和光电器件研究。典型拓扑绝缘体（如 Bi_2Se_3 和 Bi_2Te_3）块体材料仍存在基本的材料问题（如体缺陷多、掺杂严重等），导致费米能级处的体态载流子很多，掩盖了其拓扑表面态的新奇物性。要凸显拓扑表面态新奇的输运和自旋性质，必须有效抑制体态载流子的贡献。针对上述问题，笔者和合作者于 2009 年发现并构筑了大比表面积的拓扑绝缘体纳米结构，可有效降低体态载流子的影响而凸显表面态，在国际上较早开展了拓扑绝缘体纳米结构和器件的研究工作。十年来，经过课题组数届研究生的集体攻关和不懈努力，以及与国内外拓扑绝缘体专家精诚合作，在拓扑绝缘体纳米结构的可控生长和新型器件研发上积累了较为丰富的经验，并取得了一些有意义的研究成果。例如，建立和发展了拓扑绝缘体二维结构的可控生长方法，实现了首例拓扑绝缘体二维阵列的制备，率先制备了高质量的拓扑绝缘体 Bi_2Se_3 纳米带并研究其量子输运性质，首次观测到拓扑绝缘体表面态的 Aharonov-Bohm（AB）量子干涉效应，证实了拓扑绝缘体中能产生 AB 效应的表面态二维电子气的存在，在国际上较早实现了拓扑绝缘体纳米结构在柔性透明导电薄膜中的应用，发现拓扑绝缘体作为全新的量子光电功能材料，具有宽波长范围的透光性（尤其是近红外区）、高导电性、优异的抗扰动能力和出色的柔性。

本书基于笔者在拓扑绝缘体领域多年的科研工作经验，并结合国内外最新的研究成果，涵盖了拓扑绝缘体的理论基础、材料体系、制备方法、物理性质、新型器件应用等各个领域。本书是拓扑绝缘体领域的第一部中文论著，其涵盖面广，由浅入深，能反映拓扑绝缘体领域最近的研究全貌，非常适合作为从事相关领域研究的科研工作者的参考书目。

感谢同行专家的支持和鼓励。衷心感谢成会明院士和"低维材料与器件丛书"编委会专家为本书提出的宝贵意见。感谢科学出版社的相关领导和编辑的辛勤付出。感谢吴金雄博士，以及博士研究生谭聪伟、李天然、涂腾、张聪聪、张亦弛等在本书成稿时做的大量校对工作。

拓扑绝缘体基础研究和器件应用的发展日新月异，新的知识和成果层出不穷，加之作者的水平有限，书中难免存在不足之处，恳请专家和读者批评指正！

彭海琳

2019 年 10 月于北京大学

目　录

第1章

拓扑绝缘体的基本理论

传统意义上，固体物质可以根据电学性质划分为导体、半导体和绝缘体三类。它们在电子能带结构方面的区别在于导带和价带之间有无带隙，以及带隙的大小。然而，拓扑绝缘体（topological insulator，TI）的发现打破了这一分类标准。拓扑绝缘体是一种内部绝缘、表界面导电的材料，其表面态或边缘态的带隙为零而体态不为零，具有诸如无背散射等特殊的电学性质，被认为在未来的电子学/光电子学器件中有重要的应用。另外，拓扑绝缘体理论是凝聚态物理学的重要进展之一。人们发现，必须引入微分几何中的"陈数"等概念才能描述拓扑绝缘体的电子态。借助这些概念，物理学家成功预言并通过实验证实了量子自旋霍尔效应、反弱局域化等现象，并开发了新的拓扑绝缘体系统。

本章 1.1 节将从朗道相变理论出发，引入拓扑序和拓扑相的概念。在 1.2 节中，将较为详细地推导二维拓扑绝缘体边缘态的产生及其形式。进一步在 1.3 节中将系统扩展到三维拓扑绝缘体。在 1.4 节中，将论述拓扑绝缘体的基本物理性质。

1.1 拓扑序与拓扑相

1.1.1 朗道相变理论

在介绍拓扑序之前，先引入"序"的概念。我们知道，物质有不同的相态（气、液、固等），且每一种相态在微观上都对应了粒子的某种排列方式。在凝聚态物理中，每一种排列方式被称为一个"序"。每个序事实上代表了一种对称性。例如，液体分子随机排布，在空间各处分布概率完全一致，沿任意矢量平移可以复原，因此液体具有连续平移对称性。晶体中原子排列成一定的晶格结构，沿晶格矢量方向平移可以复原，因此晶体具有非连续的平移对称性。固液相变的过程中存在从连续平移对称性到非连续平移对称性的突变，朗道将这种变化称为"对称性破缺"。

朗道相变理论成功解释了许多经典的相变行为（如铁磁-顺磁相变、超临界相变等）。借助伊辛模型，科学家能够定量计算相变的热力学参数：只需在相变中找到发生破缺的对称性，并合理定义序参量即可。因而长期以来，人们认为朗道理论能够解释所有的相变行为。

1957 年，John Bardeen、Leon Cooper 和 John Robert Schrieffer 提出了基于朗道相变理论的理论模型，用于解释常规超导体的超导电性。该理论以三人姓氏的首字母命名，称为 BCS 理论[1]。他们认为超导电性来源于低温下自旋和动量相反的电子大量结成的库珀对。高温下库珀对因热运动大量解聚，材料随之失去超导电性。1972 年，John Bardeen、Leon Cooper 和 John Robert Schrieffer 因为提出超导电性的 BCS 理论而获得了诺贝尔物理学奖。

1.1.2 拓扑序的引入

BCS 理论模型引起了人们对超导/超流理论的广泛研究。20 世纪 70 年代初期，Vadim Berezinskii、Micheal Kosterlitz 及 David Thouless 各自提出了一种新的相变理论，后来被命名为 BKT 相变[2-5]。如图 1.1 所示，二维标量场中存在涡旋激发模式，在一个涡旋周围，相位沿一条封闭的路径从 0 过渡到 2π。由于 0 和 2π 等价，相位场保持连续。Berezinskii、Kosterlitz、Thouless 等发现在相变温度以下，正负涡旋必须形成互相束缚的涡旋对，而在相变温度以上，涡旋可以处于自由状态。这种相变过程与传统的相变有根本性的不同，因为相变过程没有涉及经典意义中对称性的破缺。为描述这种新发现的相变行为，Thouless 和 Kosterlitz 于 20 世纪 70 年代初引入了"拓扑长程序"和"涡旋"的概念。

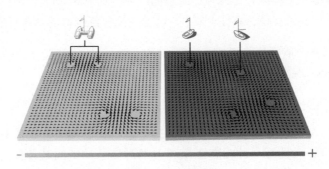

图 1.1　BKT 相变

左边为低温下，涡旋成对出现的情形；右边为高温下，单个涡旋处于自由状态的情形。两者属于不同的拓扑相

拓扑学主要研究在连续变化下（膨胀、弯曲、拉伸、变形等，但不包括撕裂和黏合）物质保持不变的性质。例如，一个球和一个碗有相同的拓扑结构，因为一块球形的黏土可以通过连续变化被捏成一个碗；但一个球和一个带把手的茶杯却有完全不同的拓扑结构，因为必须经过撕裂或黏合的过程才能形成把手上的"洞"（图 1.2）。0 个、1 个、2 个洞的几何体属于迥然不同的"流形"，无法通

过有限的连续过程相互转化。无论如何变形，单个涡旋系统总是存在一个涡旋中心，不可能通过连续变形使涡旋消失。这就是说单个涡旋系统与无涡旋系统有不同的拓扑结构。

图 1.2　拓扑结构的形象描述

引自 Thouless 等在诺贝尔奖颁奖典礼上的演讲

为了定量描述拓扑序，Thouless 等在 1973 年的工作中已经提出了利用拓扑不变量来区分不同的拓扑结构。由于相位场需要保持连续，相位沿着环绕涡旋中心的闭合回路积分值总是 2π 的整数倍（0、1、2、3、$\cdots$），这些整数定义为涡旋系统中的"拓扑不变量"，即连续变化下不会改变的物理量。

1.1.3　动量空间中的拓扑序和陈数

1980 年，von Klitzing 等在金属-氧化物-半导体场效应晶体管（MOSFET）界面的二维电子气中发现了量子化的霍尔电导平台[6]，即量子霍尔效应。在低温强磁条件下，霍尔电导 σ_{xy} 严格为 e^2/h 的整数倍，整数的取值随着磁场或栅压变化（图 1.3）。量子霍尔效应极其精确，可以用于测量精细结构常数，并在一定范围内与具体的材料体系、磁场和掺杂状态无关。von Klitzing 因此获得 1985 年诺贝尔物理学奖。

最初的理论认为在低温强磁条件下，朗道能级采取接近 δ 函数的分布。当费米面恰好切过朗道能级时，电导发生阶跃性的变化。因此利用经典的量子力学理论可以解释量子霍尔平台的存在。但量子霍尔效应对于外界条件的微扰极端不敏感，霍尔电导平台又是如此精确，这一事实意味着量子霍尔效应受到某种特殊机制的保护。

1982 年，为了从理论上解释量子霍尔效应，Thouless 等在 *Phys. Rev. Lett.* 期刊上发表论文，提出了著名的 TKNN 原理[7]（以四位发现者 D. J. Thouless、M. Kohmoto、M. P. Nightingale、M. den Nijs 的姓氏首字母命名），从拓扑的角度重新解释了量子霍尔效应。他们将二维系统的电导表达成一个 k 空间中旋度场（贝瑞

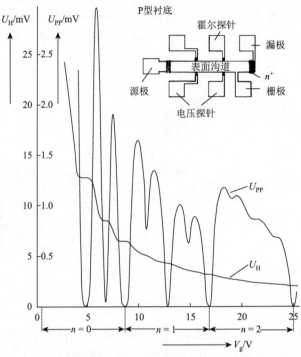

图 1.3　von Klitzing 等发现的量子霍尔效应[6]

U_{PP}：两电压探针之间的电压；U_H：霍尔电压；V_g：栅极电压

曲率）在二维布里渊区的面积分，并利用数学中的斯托克斯定理表达成环路积分（贝瑞连接）的形式。由于环路积分是 2π 的整数倍，因此霍尔电导必须是 e^2/h 的整数倍。尽管 Thouless 等当时在这篇文章中并未直接提及拓扑的概念[7]，但环路积分事实上隐含着拓扑不变量的思想。人们很快意识到这种拓扑不变量有更普适的物理意义。

对于拓扑序更深刻的理解同样始于对超导现象的研究。如前文所述，John Bardeen、Leon Cooper 和 John Robert Schrieffer 等提出的 BCS 超导理论得到了广泛的实验验证，解释了超导的 S 波对称性等问题。McMillan 等进一步推广了 BCS 理论，提出了计算超导临界温度 T_c 的 McMillan 公式[8]。根据这一公式，认为超导临界温度的上限在 40 K 左右（McMillan 极限）。然而 1986 年，IBM 公司的 Georg Bednorz 和 Karl Müller 发现了 YBCO 超导体系，其临界温度远远高于 40 K[9]。同时其配对对称性不再是正常的 S 波，这说明 YBCO 体系的超导相变行为不能用 BCS 理论解释。

为解释当时新发现的反常超导相变，文小刚等于 1989 年在高温超导体系中引入了手性自旋态[10]。自旋子是一种凝聚态物理中携带自旋的虚拟粒子（类似于携带电荷的空穴）。在足够低温下，两个相反的手性自旋子结对形成一个自旋为零的玻色子，这种本身不携带自旋的玻色子很可能是材料超导性的来源。不难看出，这个理论与 BCS 理论类似，仍然试图基于朗道相变理论解释超导机制。只不过在这种相变过程中，由于手性态的存在，破缺的是时间反演对称性和空间反演对称性（宇称）。然而，人们意识到不同的手性自旋态具有完全一致的对称性，无法通过对称性区分不同的手性自旋态，这意味着手性自旋态具有一种全新的序——拓扑序。进一步的理论工作表明，这种序事实上反映了参数空间的拓扑结构。

1990 年，文小刚等借助微分几何中的 Chern-Simons 定理，重新总结了拓扑相变的理论[11]。这项工作将微分几何中许多概念引入了拓扑相变理论，物理学家开始使用"陈数"（以拓扑学大师陈省身的姓氏命名）来描述拓扑不变量。日后人们发现，TKNN 理论中所描述的动量空间中的拓扑性质，已经在拓扑学的纤维丛理论中得到很好的研究，这是数学理论推动物理学发展的一个实例。

自此，拓扑相变理论的基本框架得以建立。在此基础上，各种理论与实验工作迅速取得进展，涌现出量子反常霍尔效应、拓扑绝缘体、外尔（Weyl）半金属等概念。2017 年，加利福尼亚大学洛杉矶分校的王康隆教授研究组以及加利福尼亚大学欧文分校的夏晶教授课题组的实验团队与张首晟教授的理论团队紧密合作，在 *Science* 上联名发表论文宣布在实验中发现了手性马约拉纳费米子的存在。他们发现在超导-量子反常霍尔平台中具有半个量子电导的边缘电流，这与理论预言的手性马约拉纳粒子十分吻合。这是在超导体-霍尔效应平台系统中一个具有确凿证据的马约拉纳粒子的实验测量结果，可能证实了理论的马约拉纳零能束缚态，如果能被广泛证实，将是拓扑相变理论的重大成果之一[12]。

1.1.4　拓扑相的特点

拓扑相变理论的意义重大，Thouless、Haldane、Kosterlitz 因他们在拓扑物态和拓扑相变方面的贡献而被授予 2016 年诺贝尔物理学奖。诺贝尔奖颁奖词中称，"今年的获奖者打开了一扇通往未知世界的大门，在那里，物质可以呈现出奇怪的状态"。拓扑相变理论之所以"奇怪"，是因为拓扑序具有许多区别于经典概念的特征。

首先，在经典相变中，我们总可以找到一个序参量表征系统有序程度。例如，对于长度、角度等几何量，可以用如 0.5 m、1.3 rad 等方式来描述。再如，铁磁-顺磁相变中利用磁化强度 M 作为序参量，当 $M = 0$ 时系统处于顺磁相，$M \neq 0$ 时为铁磁相。但拓扑不变量（如几何体上洞的个数）却不存在 0.5 个或 1.3 个，而只能是 0、1、2、3 等无量纲的整数。因此，对于拓扑序而言，不存在经典意义上的序参量。这也正是朗道相变理论无法解释拓扑相变的原因。

拓扑相的另一个特点是拓扑性与系统整体相关，我们无法通过观察系统局部的性质推断系统的拓扑性。作为类比，可以考虑在苹果表面爬行的小虫。在它看来，它经过的每一处地方都是平整的表面，因此无法推知它是否处于一个球面上。

小虫获得自己所处空间信息的唯一方法是沿着表面爬行一周，观察自己是否能够回到出发点。同理，计算拓扑不变量常常需要处理沿着边界的环路或整个表面的积分。在以后的讨论中会看到，边缘态/表面态在拓扑系统的研究中极其重要。

最后，拓扑不变量对于局域的变化有一定的鲁棒性。通常来说，一个电子态对于哈密顿量的微扰是高度敏感的。例如，在材料中运动的近自由电子一旦遇到带电杂质，立即发生散射并产生局域束缚态。但这些局域微扰并不影响参数空间的拓扑结构，因此不能影响拓扑不变量。这也正是拓扑表面态能够稳定存在的原因。

1.2　二维拓扑绝缘体和量子自旋霍尔效应

拓扑绝缘体最引人注目的特点在于特殊的拓扑表面态/边缘态（以下针对二维系统称边缘态，三维系统称表面态）。其体相表现为正常的绝缘体，而表面态/边缘态具有线性的能量动量色散关系。这种表面态/边缘态受到时间反演对称性的保护，对外界条件的微扰不敏感。

历史上，对二维拓扑系统的研究远远早于三维系统。与拓扑性相关的诸多物理现象，如量子反常霍尔效应和费米子，都在量子阱和二维材料系统中首先被观测到。因此我们将首先讨论二维拓扑绝缘体系统。本节将从陈绝缘体（Chern insulator）出发，推导时间反演对称性破缺条件下拓扑表面态的来源，并结合 TKNN 原理引入陈数的概念。拓扑绝缘体的表面态不破坏时间反演对称性，需要利用 Z_2 拓扑不变量进行刻画。最后，自旋轨道耦合后产生手性自旋态，导致量子自旋霍尔效应的出现。

1.2.1　边缘态的产生

考虑 xy 平面上的一个二维狄拉克系统，假定其哈密顿量为

$$H = \boldsymbol{\sigma} \cdot \boldsymbol{p}, \quad \boldsymbol{\sigma} = (\sigma_x, \sigma_y, \sigma_z), \quad \boldsymbol{p} = (\hbar v k_x, \hbar v k_y, m) \tag{1.1}$$

式中，$\hbar$ 为约化普朗克常数；k_x、k_y 分别为 x、y 方向的波矢；$\sigma_z \cdot m$ 这一项引入了非零的狄拉克质量。其能量本征值 E 和本征态 Ψ_k 可通过求解方程式（1.2）获得

$$H\Psi_k = E\Psi_k = \boldsymbol{\sigma} \cdot \boldsymbol{p}\Psi_k = \sqrt{A^2 k^2 + m^2}\,(\boldsymbol{\sigma} \cdot \boldsymbol{u})\Psi_k \tag{1.2}$$

式中，$\boldsymbol{u}$ 为 $\boldsymbol{p}$ 的单位矢量。通过式（1.2）计算得到此二维狄拉克系统的能量本征值为

$$E_k = s\sqrt{A^2 k^2 + m^2} \tag{1.3}$$

式中，$s = \pm 1$。不难看出，这种形式的能量动量色散关系与通常绝缘体的能带类似。$s = -1$ 对应价带，$s = 1$ 对应导带。价带顶和导带底均位于 $k = 0$ 处，具有 2 m 的带隙。这是体相的情形，边缘的情形则不相同。假定系统边界为 x 轴，$y < 0$ 区

域为二维系统。因自旋空间和坐标空间相互正交，在 $y<0$ 区域，可以将边缘束缚态表达为

$$\Psi_{xy} = \Phi e^{ikx+y/\lambda} \tag{1.4}$$

式中，Φ 为全波函数的自旋部分；λ 为常量。式（1.4）的物理意义是，边缘束缚态沿 x 轴方向为自由传播的平面波，y 轴方向的振幅则随距离指数衰减，这是非常常见的表面束缚态形式。除此之外，还必须满足在边界处的粒子通量密度为 0，这就是说全波函数必须满足一定的对称性，

$$\Psi_{x=0,y=0} = \sigma_x \Psi_{x=0,y=0} \tag{1.5}$$

或

$$\Phi = \sigma_x \Phi \tag{1.6}$$

将式（1.4）、式（1.6）代入本征方程式（1.2），并结合 Pauli 矩阵的变换关系可得

$$\hbar v k \Phi + (m - \hbar v / \lambda)\sigma_z \Phi = E\Phi \tag{1.7}$$

能量获得实数解的条件只能是括号项取 0。因此边缘态的能量动量色散关系为

$$E_k = \hbar v k \tag{1.8}$$

式（1.8）给出了边缘态的重要信息。首先，边缘态具有线性的色散关系，其能量连续分布没有带隙；其次，边缘态具有手性，原因是哈密顿量中引入了 $\sigma_z \cdot m$ 一项，破坏了时间反演对称性。只要非零的 $\sigma_z \cdot m$ 项存在，式（1.7）的解便只能是一个手性的自旋态。

我们可以进一步考察这种无带隙边缘态的来源。利用宇称变换 $\Psi'_{x,y} = \sigma_x \Psi_{x,-y}$ 可将本征方程的解扩展到 $y>0$ 半平面内。得到另一组能量本征值：

$$E'_k = -s\sqrt{A^2 k^2 + m^2} \tag{1.9}$$

正负半平面能带结构正好相反。从一个半平面连续过渡到另一个半平面时必然经历一个能带反转的过程，因此必须有一个无带隙的边缘态存在。更一般地说，$\sigma_z \cdot m$ 在一定范围内连续变化时，这种边缘态依然存在。这种破坏时间反演对称性的系统被称为陈绝缘体，其表面态的存在受到拓扑性的保护。

1.2.2　TKNN 原理和第一陈数

1.1.3 小节中已经提及，von Klitzing 等在 1980 年发现了量子霍尔效应，即低温强磁条件下二维狄拉克系统的霍尔电导总是某个固定值的整数倍。1982 年，Thouless 等为解释量子霍尔效应提出了著名的 TKNN 原理[7]，通过动量空间的拓扑结构来描述量子化的电导。他们的推导过程如下。

通过量子输运公式，二维系统的霍尔电导 σ_{xy} 可以表达成各态贡献的加和

$$\sigma_{xy} = \frac{-\mathrm{i}e^2\hbar}{a} \sum_{l,m} [f(E_l) - f(E_m)] \frac{\langle l|V_x|m\rangle\langle m|V_y|l\rangle}{(E_l - E_m)^2} \qquad (1.10)$$

式中，$f(E)$ 为费米-狄拉克分布。V_x、V_y 为速度算符在对应方向上的分量，即

$$V_\alpha = (x_\alpha \hat{h} - \hat{h} x_\alpha) / \mathrm{i}\hbar \qquad (1.11)$$

在绝对零度下，费米-狄拉克分布退化为阶跃函数。仅当费米能级处于两态之间时，有非零贡献。又由于 $E_l > E_m$ 和 $E_l < E_m$ 的情形是对称的，于是式（1.10）可以写成

$$\sigma_{xy} = \frac{-\mathrm{i}e^2\hbar}{a} \sum_{E_l < \mu, E_m > \mu} \frac{\langle l|V_x|m\rangle\langle m|V_y|l\rangle - \langle l|V_y|m\rangle\langle m|V_x|l\rangle}{(E_l - E_m)^2} \qquad (1.12)$$

利用式（1.11）展开式（1.12），并在动量空间下重新表达位置算符 x，得到动量空间下霍尔电导的表达式：

$$\sigma_{xy} = \frac{-\mathrm{i}e^2}{\hbar a} \sum_k \sum_{E_l < \mu, E_m > \mu} [\langle \partial_{kx} l|m\rangle\langle m|\partial_{ky} l\rangle - \langle \partial_{ky} l|m\rangle\langle m|\partial_{kx} l\rangle] \qquad (1.13)$$

进一步考虑归一化条件

$$\sum_{E_m > \mu} |m\rangle\langle m| + \sum_{E_m < \mu} |m\rangle\langle m| = 1 \qquad (1.14)$$

可将霍尔电导表达式完全用占据态表示

$$\sigma_{xy} = \frac{-\mathrm{i}e^2}{\hbar a} \sum_k \sum_{E_l < \mu} [\langle \partial_{kx} l|\partial_{ky} l\rangle - \langle \partial_{ky} l|\partial_{kx} l\rangle] \qquad (1.15)$$

式（1.15）中括号内的项明显具有旋度的形式，我们可以将这个二维动量空间中的矢势 A 明确地表达出来：

$$A = (A_x, A_y) = \left(-\mathrm{i} \sum_{E_l < \mu} \langle l|\partial_{kx}|l\rangle, \ -\mathrm{i} \sum_{E_l < \mu} \langle l|\partial_{ky}|l\rangle \right) \qquad (1.16)$$

这个矢势 A 正是贝瑞连接。于是霍尔电导可以写成积分形式：

$$\sigma_{xy} = \frac{e^2}{\hbar} \int (\nabla \times A) \mathrm{d}k_x \mathrm{d}k_y = \frac{e^2}{h} \frac{1}{2\pi} \oint A \cdot \mathrm{d}k \qquad (1.17)$$

后一个等式用到了斯托克斯定理，围道积分的值正是贝瑞相。这就是著名的TKNN 原理，它将霍尔电导表达为动量空间的积分形式。只要 A 是解析的，围道积分的值就与具体的积分路径无关，而取决于能带结构本身。

考虑二维布里渊区的边界条件。由于周期性边界条件 $k_x(0) = k_x(2\pi/a_x)$，$k_y(0) = k_y(2\pi/a_y)$，布里渊区在两个方向上都封闭，可以卷曲成一个如图 1.4 所示的封闭的轮胎面。按照规范不变性的要求，贝瑞连接 A 可以表达为波函数相位场的梯度。因此式（1.17）可以转化为

图 1.4 二维布里渊区的轮胎面结构

$$\sigma_{xy} = \frac{ne^2}{h}, \quad n = \frac{1}{2\pi} \oint \nabla\theta \cdot d\mathbf{k} \tag{1.18}$$

由于积分路径是封闭的，相位场 θ 沿着封闭路径的缠绕数 n 必须是 2π 的整数倍，因此霍尔电导为 e^2/h 的整数倍。n 正是微分几何中的第一陈数。

现在我们可以从式（1.2）中解出陈绝缘体系统的本征函数，并代入式（1.17）中计算。取 $k=0$ 点附近的围道积分，可以计算得到该系统的霍尔电导

$$\sigma_{xy} = \frac{-e^2}{h} \frac{\text{sgn}(m)}{2} \tag{1.19}$$

$\text{sgn}(m)$ 为符号函数，非零的 $\sigma_z \cdot m$ 意味着非零的霍尔电导。上文中已经说明，m 项的存在破坏了时间反演对称性，也就是说时间反演对称性的破缺意味着非零的霍尔电导。

从更加直观的角度来说，垂直于 xy 平面的磁场分量或材料本征的性质均可导致 $\sigma_z \cdot m$ 项不为零，从而破坏二维狄拉克系统的时间反演对称性。这种对称性的破缺在陈绝缘体系统导致了特殊的无带隙的边缘态，当温度为 0 K 时载流子浓度不为 0，得到了非零的霍尔电导。

1.2.3　Z_2 拓扑不变量和量子自旋霍尔效应

在上节的讨论中，得到非零陈数的条件是非零的 $\sigma_z \cdot m$ 项破坏了时间反演对称性（时间反演操作下，$x \to x$，$p \to -p$，$s \to -s$）。但在实际材料体系中，动量相反或自旋相反的电子态通常是简并的。为了获得非零陈数，一般需要外场或内建场的作用。2005 年，Kane 等率先提出了一种新的拓扑不变量，即 Z_2 拓扑不变量[13]，用来描述时间反演对称条件下的二维狄拉克系统。这个理论导致了拓扑绝缘体概念的出现。

二维狄拉克系统可以看作三维薄片在 z 方向上厚度趋向 0 的极限。但无论如何减薄，总有上下两个界面存在。进一步考虑到电子有两种不同的自旋方向，可以在自旋空间展开波函数

$$\Psi(r) = \begin{bmatrix} \psi_{t+}(r) \\ \psi_{t-}(r) \\ \psi_{d+}(r) \\ \psi_{d-}(r) \end{bmatrix} \tag{1.20}$$

式中，t 和 d 分别为上下界面两个子系统。哈密顿算符可以写成

$$H = \begin{bmatrix} -i\hbar(\sigma_x\partial_x + \sigma_y\partial_y) & \Delta\sigma_0 \\ \Delta\sigma_0 & -i\hbar(\sigma_x\partial_x + \sigma_y\partial_y) \end{bmatrix} \tag{1.21}$$

式中，$\Delta\sigma_0$ 为上下两面的耦合项。同样，可以通过求解这个系统的能量本征值得到

$$E_{k+} = \pm\mathrm{sgn}(\Delta)\sqrt{(\hbar v \boldsymbol{k})^2 + \Delta^2}, \quad E_{k-} = \mp\mathrm{sgn}(\Delta)\sqrt{(\hbar v \boldsymbol{k})^2 + \Delta^2} \tag{1.22}$$

可以看出，这种二维狄拉克系统仍然具有通常的绝缘体能带结构，其带隙为 2Δ。只是两种自旋对应的能量动量色散关系符号相反。与陈绝缘体不同的是，由于在两个子系统上构建哈密顿量，这个系统仍然保持时间反演对称性。接下来仍构造边缘态的一般表达式和边界条件

$$\Psi_{xy} = \Phi \mathrm{e}^{ikx+y/\lambda} \tag{1.4}$$

$$\Phi = \tau_y\sigma_y\Phi \tag{1.23}$$

式中，τ 为张开在上下两个子系统上的 Pauli 矩阵，τ_y 为它 y 方向分量；τ_x 为它 x 方向分量。代入本征方程可以得到

$$\hbar v k \tau_z\sigma_x\Phi + (\Delta - \hbar v/\lambda)\tau_x\sigma_0\Phi = E\Phi \tag{1.24}$$

为获得实数解，仍然需要满足括号项为 0，由此可以导出能量动量色散关系

$$E_k = \pm\hbar v k \tag{1.25}$$

且可以获得边缘态的归一化本征函数

$$\Psi_+ = \begin{bmatrix} 1 \\ 1 \\ 1 \\ -1 \end{bmatrix}\sqrt{\frac{|\Delta|}{2\hbar v}}\mathrm{e}^{ikx+|\Delta||y|/\hbar v}, \quad \Psi_- = \begin{bmatrix} 1 \\ -1 \\ -1 \\ -1 \end{bmatrix}\sqrt{\frac{|\Delta|}{2\hbar v}}\mathrm{e}^{ikx+|\Delta||y|/\hbar v} \tag{1.26}$$

从式（1.25）和式（1.26）中可以看出边缘态的性质。首先，边缘态仍然具有线性的色散关系，没有带隙。其次，更重要的是边缘态的动量和自旋相互锁定，k_+ 和 k_- 方向的波具有相互正交的自旋态，我们认为这种边缘态具有手性，如图 1.5 所示。Ψ_+ 和 Ψ_- 通过时间反演操作可以互相转化，因此，它们共同构成的系统仍满足时间反演对称性。

回顾 1.2.2 小节可知，对于这种满足时间反演对称性的系统，其第一陈数始终为 0。考虑到边缘态由两个子系统构成，霍尔电导可以参照式（1.18）写作

$$\sigma_{xy} = \frac{e^2}{h}(n^+ + n^-), \quad n^+ + n^- = 0 \tag{1.27}$$

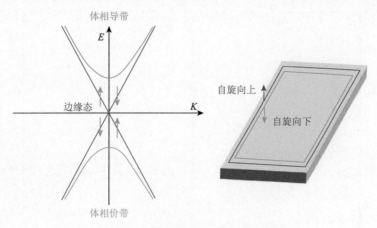

图 1.5　二维拓扑绝缘体的边缘态结构

由于时间反演对称性的存在，霍尔电导始终为 0。但由式（1.26）可以看到，二维拓扑绝缘体的边缘存在方向固定且非零的"自旋流"。为表征此类系统，需要引入另一种拓扑不变量，称为 Z_2 拓扑不变量。定义为

$$\frac{n^+ - n^-}{2} \tag{1.28}$$

Z_2 拓扑不变量与量子自旋霍尔效应直接相关。

1.3　三维拓扑绝缘体

拓扑绝缘体最显著的特征在于其特殊的能带结构，其体态有带隙而表面态无带隙。在二维拓扑绝缘体系统中，通过构造特殊的边界条件获得这样的边缘态。对于三维系统，也可以构造类似的边界条件获得无带隙的表面态，同时也能产生自旋-动量锁定等性质。

1.3.1　能带反转

本小节以典型的 HgTe 为例讨论能带反转。HgTe 费米能级附近的能带结构如图 1.6 所示。对于典型的 II-VI 族半导体来说，其导带主要贡献来自 II 族金属元素，具有 s 对称性；而价带主要贡献来自 VI 族非金属元素，具有 p 对称性。以 CdTe 为典型，$k=0$ 附近，其导带由二重简并的 $\varGamma_6$ 组成（$j=1/2$），价带由四重简并的 $\varGamma_8$ 组成（$j=3/2$），其中价带又分裂成轻空穴带 LH（$j_s=\pm1/2$）和重空穴带 HH（$j_s=\pm3/2$）。由于重原子 Hg 的显著相对论效应，$\varGamma_6$ 的能量显著降低，反而低于 $\varGamma_8$，造成能带结构的反转，带隙 $E_g<0$。

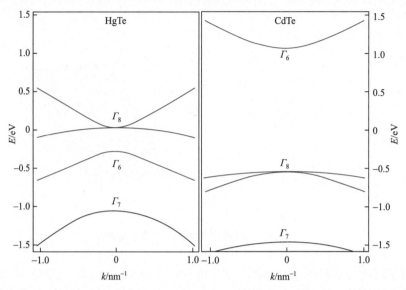

图 1.6　HgTe 体系中的能带反转，注意对比 CdTe 体系，后者不存在能带反转[14]

能带反转导致 HH 带和 LH 带的狄拉克质量符号相反，这个性质导致 HgTe/(Hg, Cd)Te 量子阱可以形成典型的拓扑绝缘体系统[15]。对于三维 HgTe 来说，需要构建这六条能带耦合的 Kane 哈密顿量[16]，同时考虑到拓扑表面态需要满足与式（1.4）、式（1.23）类似的边界条件

$$\Psi_{xyz} = \Phi e^{i(k_x x + k_y y) + z/\lambda}, \quad \Phi = \tau_y \sigma_0 \Phi \tag{1.29}$$

这一边界条件在 $E_g<0$ 时一定可以成立，因此 HgTe 表面态是无带隙的狄拉克锥结构。但由于 HH 和 LH 简并，表面态被 HH 所掩盖，不能显示出拓扑绝缘体的性质。解决方法有两种：一是将材料减薄[16]，利用 z 方向的限域效应打开带隙；二是对材料施加张应力，例如，在 CdTe 基底上外延生长 HgTe 薄膜[17]，前者晶格常数比后者大约 0.3%，在应力不弛豫的厚度范围内将 HgTe 的晶格拉伸，从而破坏 HH 和 LH 在 $k=0$ 处的简并性。

1.3.2　薄层三维拓扑绝缘体的能带结构

更多的三维拓扑绝缘体材料体系将在后续章节进行介绍。这里需要阐述的一个重要问题是，二维拓扑绝缘体并非三维拓扑绝缘体在 z 方向的无限减薄。三维拓扑绝缘体厚度减小到一定程度时，拓扑表面态将被打开带隙，但仍可能存在拓扑非平庸的边缘态。

图 1.7 展示了体相 Bi_2Se_3 的能带结构[18]。由于体系中强自旋轨道耦合作用的存在，属于 Bi 的 $P1_z^+$ 轨道能量显著降低，反而低于属于 Se 的 $P2_z^-$ 轨道能量，造

成能带结构的反转，$E_g<0$。这使得三维 Bi_2Se_3 成为一种典型的拓扑绝缘体。

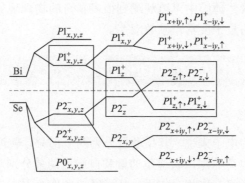

图 1.7　Bi_2Se_3 体系中的能带反转[18]

在厚度减小到一定程度时，Bi_2Se_3 的拓扑性将发生变化。如图 1.8 所示，当材料厚度减小到 1 个量子层（五倍原子层，QL）时，角分辨光电子能谱（angle resolved photoemission spectroscopy，ARPES）观测到的能带结构将不再存在特征的狄拉克锥结构。产生这一现象的原因是上下两个表面的表面态互相耦合，非零的耦合项事实上充当了式（1.3）中非零的 m 项的作用，使得带隙被打开。对一种三维拓扑绝缘体，存在一个特定的厚度，在此厚度以下拓扑表面态被破坏。此厚度取决于表面态在 z 方向上的特征尺寸 λ。

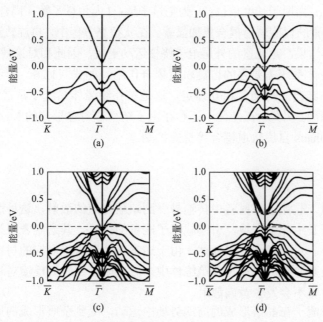

图 1.8　薄层拓扑绝缘体 Bi_2Se_3 的计算的能带结构。（a）1 层；（b）2 层；（c）4 层；（d）5 层[19]

　　三维拓扑绝缘体薄膜与体材料的表面态在拓扑意义上是不同类别的。在磁性掺杂的三维拓扑绝缘体薄膜中可以观测到很多新奇的物理现象。例如，2013 年首次在实验中观察到的量子反常霍尔效应[20]。

1.4　拓扑绝缘体的物理性质

1.4.1　自旋轨道耦合

　　对于绕核运动的电子来说，其角动量分为两个部分，轨道角动量 L 和自旋角动量 S。由于电子电荷非零，轨道角动量和自旋角动量分别对应于非零的轨道磁矩和自旋磁矩，两者将产生相互作用。从半经典图像来看，电子绕核运动产生感应磁场，该磁场对自旋施加了一个力矩，其大小与电子运动状态有关。这种效应被称为自旋轨道耦合。

　　对于原子来说，自旋轨道耦合导致了各能级发生塞曼分裂。此时总角动量并非轨道和自旋的简单加和，而必须考虑自旋轨道耦合。在类氢原子模型下，耦合哈密顿量为

$$H_{\text{soc}} = \frac{Z^4 e^2 \hbar^2}{4\pi m_{\text{e}}^2 c^2 \varepsilon_0 a_0^3 n^3 l(l+1)(2l+1)} L \cdot S \tag{1.30}$$

式中，Z 为核电荷数；L 为轨道角动量；S 为自旋角动量；m_{e} 为电子质量；ε_0 为真空介电常数；a_0 为原子长度单位；n 为主量子数；l 为角量子数。耦合强度与 Z^4 成正比，即重元素的自旋轨道耦合更加显著。在狄拉克方程中，自旋轨道耦合是相对论效应的自然结果。重元素的外层电子绕核运动更快，因此相对论效应更明显。

　　拓扑绝缘体系统需要强的自旋轨道耦合作用。如式（1.26）所示，拓扑表面态具有手性，其自旋与动量相互锁定，这是拓扑绝缘体系统中常常需要 Hg、Bi 等重元素的原因。另外，在晶体中还存在由于结构非对称导致的 Rashba 自旋轨道耦合、Dressalhaus 自旋轨道耦合等特殊机制。

1.4.2　无背散射的输运行为

　　我们知道，载流子在材料中传输易受到缺陷位点的散射，这种散射将使晶格和载流子之间发生能量交换，引起载流子能量的损耗。其宏观表现为迁移率的下降和电路发热。对于常规的半导体，由于通常无法获得绝对纯的材料，载流子的背散射现象很难避免。但在拓扑绝缘体中，载流子受到时间反演对称性的保护，其输运过程中将不会发生背向散射。

　　现假定载流子在晶格形成的周期势场中运动，受到杂质形成的局域势场 V_{def} 作用发生散射，其散射概率与矩阵元 $\langle i | V_{\text{def}} | j \rangle$ 有关。对于二维拓扑绝缘体来说，

其边缘态的本征函数已由式（1.26）给出，相应的散射矩阵元为 $\langle + | V_{\text{def}} | - \rangle$。由于两态之间互为时间反演对称关系，易知 $\langle + | V_{\text{def}} | - \rangle = -\langle + | V^{\dagger}_{\text{def}} | - \rangle$。在非磁性掺杂的情况下，$V_{\text{def}}$ 通常是纯粹的静电势，因此 $V_{\text{def}} = V^{\dagger}_{\text{def}}$，即 $\langle + | V_{\text{def}} | - \rangle = 0$。这意味着传导的载流子不会被杂质形成的局域势场所散射，二维拓扑绝缘体系统的边缘态载流子能够无损耗传输。

三维拓扑绝缘体的表面态有类似效应，但由于拓扑表面态局域在二维平面内，只有背散射禁阻。时间反演对称性并不排除其他角度散射的存在。电子仍然可能通过多次散射回到出发位置，这导致低温下拓扑绝缘体表面电导偏离 ne^2/h，称为反弱局域化效应。

1.4.3　量子相干与反弱局域化效应

固体中电子的散射分为弹性散射和非弹性散射。在弹性散射下，电子跃迁到同一能量本征态的不同动量本征态，其相位改变是确定的；在非弹性散射下，电子跃迁到不同的能量本征态，损失原有相位的信息。当电子通过一系列弹性散射过程回到原点时，同样可以通过同样的路径由相反方向回到原点，这两条路径互为时间反演对称，因此在到达原点时振幅和相位相同。此种干涉导致的概率密度为非干涉条件下的 2 倍，电子有更高的概率经过弹性散射回到原点，电导下降。这一效应被称为反弱局域化效应。

粗略来说，只有小于平均非弹性散射时间 τ_{i} 的路径才能相干。而后者受到温度的显著影响，接近绝对零度时，τ_{i} 显著增大，电导显著减小，电导改变量 $\delta\sigma$ 满足以下方程：

$$\delta\sigma = -2\frac{e^2}{\hbar}\ln\frac{\tau_{\text{i}}}{\tau_{\text{e}}} \qquad (1.31)$$

式中，"2" 为产生于自旋的二重简并；τ_{e} 为平均弹性散射时间。观测到的效应是在绝对零度附近电导的指数下降。在半导体/金属薄膜中，反弱局域化效应广泛存在。

若系统存在强的自旋轨道耦合作用，经由同一路径相反方向传输的电子同时具有相反的动量和相反的自旋。其结果是干涉反而导致概率密度下降，电导上升，该现象称为反弱局域化效应。同样，只有小于平均非弹性散射时间 τ_{i} 的路径才可以发生作用：

$$\delta\sigma = \frac{e^2}{\hbar}\ln\frac{\tau_{\text{i}}}{\tau_{\text{e}}} \qquad (1.32)$$

该结论适用于二维拓扑绝缘体的边缘态和三维拓扑绝缘体的表面态。

1.4.4　拓扑表面态在强磁场中的行为

拓扑表面态受到时间反演对称性的保护，而破坏时间反演对称性因素的引入将导致拓扑绝缘体能带结构发生重大变化。其中之一就是拓扑表面态电子在强磁场下发生舒布尼科夫-德哈斯振荡（SdH 振荡）。强磁场下，能带劈裂成多个分立的朗道能级，朗道能级间距随着磁场强度的增强而增大。当费米能级切过某一朗道能级的位置时，电导将产生显著的变化。

这一效应常常用于观测拓扑绝缘体的表面态。由于表面态密度较之体态低很多，电学信号常常被体态所掩盖。拓扑绝缘体的表面态可看作二维系统，只能响应垂直方向的磁场变化。而体态是三维系统，对各个方向都能产生响应。借此可以将两者的信号区分开来。

若磁场进一步增强至朗道能级完全孤立时，横向霍尔电导将产生分立的平台，纵向电导出现零点，即量子霍尔效应。在拓扑绝缘体系统中，纵向电导的消失意味着体系发生了拓扑相变，从拓扑态转变为量子霍尔态。原本简并的 k^+ 和 k^- 态在磁场的作用下带隙被打开。

拓扑绝缘体的诸多物理性质都与其非平凡的能带结构相关。由于这种非平凡的能带结构受到时间反演对称性的保护，因此拓扑绝缘体所具有的无背散射输运、量子干涉等性质也十分稳定，理论上可不受表面污染和吸附掺杂的影响。这使得拓扑绝缘体成为一个极佳的模型体系，可用于对诸多基本物理问题的研究。另外，这种稳定性也为拓扑绝缘体在量子计算、超低功耗器件等领域的应用铺平了道路。在后续章节中将逐一介绍这些应用。

参 考 文 献

[1] Bardeen J，Cooper L N，Schrieffer J R. Microscopic theory of superconductivity. Phys Rev，1957，106（1）：162-164.

[2] Kosterlitz J M，Thouless D J. Ordering, metastability and phase transitions in two-dimensional systems. J Phys C: Solid State Phys，1973，6（7）：1181-1203.

[3] Kosterlitz J M，Thouless D J. Long range order and metastability in two dimensional solids and superfluids. J Phys C: Solid State Phys，1972，5（11）：L124.

[4] Berezinskii V L. Destruction of long-range order in one-dimensional and two-dimensional systems having a continuous symmetry group Ⅰ. Classical systems. Sov Phys J Exp Theor Phys，1971，32（3）：493-500.

[5] Berezinskii V L. Destruction of long-range order in one-dimensional and two-dimensional systems possessing a continuous symmetry group Ⅱ. Quantum systems. Sov Phys J Exp Theor Phys，1972，34：610-616.

[6] von Klitzing K，Dorda G，Pepper M. New method for high-accuracy determination of the fine-structure constant based on quantized Hall resistance. Phys Rev Lett，1980，45（6）：494-497.

[7] Thouless D J，Kohmoto M，Nightingale M P，et al. Quantized Hall conductance in a two-dimensional periodic potential. Phys Rev Lett，1982，49（6）：405-408.

[8] McMillan W L. Transition temperature of strong-coupled superconductors. Phys Rev，1968，167（2）：331.

[9] Wu M K，Ashburn J R，Torng C，et al. Superconductivity at 93 K in a new mixed-phase Y-Ba-Cu-O compound system at ambient pressure. Phys Rev Lett，1987，58（9）：908-910.

[10] Wen X G，Wilczek F，Zee A. Chiral spin states and superconductivity. Phys Rev B，1989，39（16）：11413-11423.

[11] Wen X G. Topological orders in rigid states. Int J Mod Phys B，1990，4（2）：239-271.

[12] He Q L，Pan L，Stern A L，et al. Chiral Majorana fermion modes in a quantum anomalous Hall insulator-superconductor structure. Science，2017，357（6348）：294-299.

[13] Kane C L，Mele E J. Z_2 topological order and the quantum spin Hall effect. Phys Rev Lett，2005，95（14）：146802.

[14] Bernevig B A，Taylor L H，Zhang S C，et al. Quantum spin Hall effect and topological phase transition in HgTe quantum wells. Science，2016，314（5806）：1757-1761.

[15] König M，Wiedmann S，Brüne C，et al. Quantum spin Hall insulator state in HgTe quantum wells. Science，2007，318（5851）：766-770.

[16] Chu R L，Shan W Y，Lu J，et al. Surface and edge states in topological semimetals. Phys Rev B，2011，83（7）：075110.

[17] Brüne C，Liu C X，Novik E G，et al. Quantum Hall effect from the topological surface states of strained bulk HgTe. Phys Rev Lett，2011，106（12）：126803.

[18] Zhang H，Liu C X，Qi X L，et al. Topological insulators in Bi_2Se_3, Bi_2Te_3 and Sb_2Te_3 with a single Dirac cone on the surface. Nat Phys，2009，5（6）：438-442.

[19] Li Y Y，Wang G，Zhu X G，et al. Intrinsic topological insulator Bi_2Te_3 thin films on Si and their thickness limit. Adv Mater，2010，22（36）：4002-4007.

[20] Chang C Z，Zhang J，Feng X，et al. Experimental observation of the quantum anomalous Hall effect in a magnetic topological insulator. Science，2013，340（6129）：167-170.

第2章

拓扑材料体系

拓扑绝缘体被发现以前，根据物质自身电子能带结构和导电性的差异，材料体系通常被简单划分为导体、半导体和绝缘体。同时，物质的相变过程可由朗道对称性破缺理论解释，即认为物质的相变总是伴随着对称性自发破缺；然而，朗道对称性破缺理论对后来出现的整数量子霍尔效应和分数量子霍尔效应，已不能准确解释相应相变机制。于是，人们便在物质的能带结构中引入了"拓扑"概念，并基于"拓扑"概念发现了诸多的新物质态，如拓扑绝缘体、拓扑超导体及拓扑半导体等。

如图 2.1 所示，一般半导体或绝缘体的能带结构由具有正宇称的导带和负宇称的价带组成，且电子自旋简并，此时费米面类似一个正常折叠的闭合无扭折纸环[1]，该材料体系为拓扑平庸体系 [图 2.1（a）]。然而，如果材料化学组成为重金属元素，此时材料自身具有强自旋轨道耦合相互作用，可使本来能量简并的能带发生能级分裂，甚至使能带发生交叉、反转，使原本具有正宇称的导带变为负宇称，价带负宇称相应变为正宇称，带边交叉形成狄拉克点，进而形成自旋极化的表面态能带。根据费米能级附近能带发生反转奇、偶次数，可将拓扑绝缘体划分为强拓扑绝缘体（奇数次）和弱拓扑绝缘体（偶数次）。如图 2.1（b）所示，当能带反转时，可认为能带结构发生了拓扑"扭折"，即能带结构在拓扑学上与扭折后的纸环类似。当能带结构反转次数为奇数时，纸环只有一个边和一个面，此时电子绕纸环一圈（或奇数圈）后，再无法回到原点，即强拓扑绝缘体体系。强拓扑绝缘体体系电子运动遇到非磁性杂质时，因自旋-动量锁定原则，其发生背散射时必须同时改变自旋方向。根据自旋守恒原则，电子运动的背散射禁阻。然后，如果导带和价带在倒易空间反转次数为偶数，能带会形成两个及以上（偶数）的狄拉克锥结构，此时拓扑材料成为平庸弱拓扑绝缘体 [图 2.1（c）]。这种情况，在拓扑学上相当于电子环绕扭折纸环两次（或偶数次），由于纸环（能带）依然具有两个面和两个边，故而电子从起点绕纸环一圈，经过费米面后依然能够回到初始原点[1]。

理想的拓扑绝缘体表现为其表面态导电而体态绝缘，由于自身电子结构中存在满足线性色散关系的狄拉克费米子，拓扑绝缘体会表现出新奇的量子现象和物

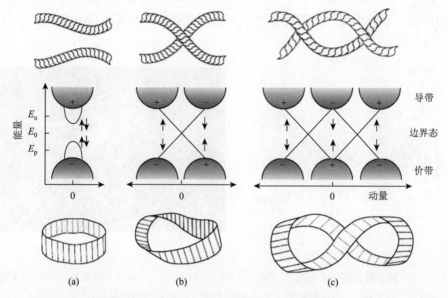

图 2.1 普通绝缘体到拓扑绝缘体的能带演化过程[1]。（a）普通绝缘体（半导体）能带结构；（b）自旋轨道耦合作用条件下的非平庸强拓扑绝缘体的能带结构；（c）自旋轨道耦合相互作用条件下的平庸弱拓扑绝缘体的能带结构

性。具体来说，拓扑绝缘体金属性质的表面态并不是由传统表面重构、表面不饱和键或特殊金属表面等表面效应诱导产生，而是由电子能带结构中电子的强自旋轨道耦合相互作用和时间反演拓扑性质决定的，故而其不易被非磁性杂质与无序破坏。因此，拓扑绝缘体表现出与一般绝缘体完全不同的物性，如拓扑保护的表面态、量子反常霍尔效应、反弱局域化、量子自旋霍尔效应等。

本章将主要从材料的角度介绍拓扑材料体系，包括二维拓扑绝缘体、三维拓扑绝缘体、有机拓扑绝缘体、拓扑近藤绝缘体、拓扑晶体绝缘体、拓扑超导体和外尔半金属，并从自旋轨道相互作用和电子能带结构关系的角度，阐述拓扑材料体系的形成机制、结构组成和基本物理性质等。

2.1 二维拓扑绝缘体

二维拓扑绝缘体，也被称为量子自旋霍尔绝缘体，其主要表现为：体内绝缘，边界存在无能隙的金属导电态。二维拓扑绝缘体的边缘态由自身能带结构的拓扑性质决定，并且这种金属态电子存在自旋-动量锁定关系。如图 2.2 所示，向相反方向运动且自旋相反的两种电子，由于时间反演对称性保护，它们之间的散射被禁止，不会受到非磁性杂质干扰而与其发生散射，故而可以被视作自旋输运的理想"双向车道"的高速公路，可被用于新型高性能低能耗自旋电子器件的沟道材料。

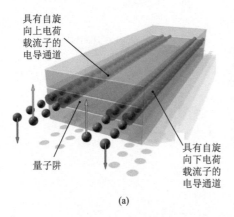

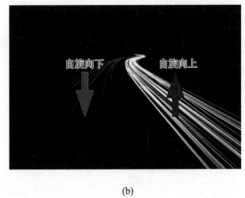

(a)　　　　　　　　　　　　　　　　　　(b)

图 2.2　（a）量子自旋霍尔效应电子运动示意图[2]；（b）电子运动的"高速公路"，相反自旋
方向的电子分居不同"车道"，运动方向相反

　　二维拓扑绝缘体从石墨烯及受梯度应力的二维半导体系统发展而来。石墨烯是首个理论上被预言的二维拓扑绝缘体（即量子自旋霍尔绝缘体），然而由于石墨烯中电子的自旋轨道耦合强度较弱，能隙小，因此在实验可达温度范围内较难观测到量子自旋霍尔效应的存在[3]。对于 CdTe/HgTe/CdTe 的量子阱结构，当中间 HgTe 层的尺寸超过临界厚度时，体系会从普通绝缘体相过渡到量子自旋霍尔相[4]，进而实现量子自旋霍尔绝缘体的转变。到目前为止，实验上观测到量子自旋霍尔效应的材料体系较少，包括 HgTe/CdTe 和 InAs/GaSb 两个量子阱体系，以及单层 WTe_2[5]。其中，二维拓扑绝缘体 HgTe/CdTe 和 InAs/GaSb 量子阱体系，由于材料体系自身能隙小，只能在极低温的条件下工作；且样品制备复杂，需要精准的生长调控，不利于规模化生产，因此在推进二维拓扑绝缘体的实际应用中受到阻碍。一般而言，一种二维拓扑绝缘体能够具备广阔应用前景，其自身应具备两个特征：①能隙大，室温下能观测到量子自旋霍尔效应；②材料易于制备且化学性质稳定。因此，针对 HgTe/CdTe 等量子阱体系的不足，人们依旧致力于新二维拓扑绝缘体的预测和开发。例如，科学家在 100 K 条件下的单层 WTe_2 中观测到了量子自旋霍尔效应[5]，这为二维拓扑绝缘体的研究注入了新动力。

2.1.1　石墨烯

　　石墨烯由第Ⅳ主族的碳原子构成六角蜂窝晶格结构。如图 2.3 所示，在六边形的布里渊区内，石墨烯有两种不等价的高对称顶点 K_+ 与 K_-（分别由填充的三角形和未填充的三角形表示）。石墨烯电子结构中，电子填充方式使得石墨烯具有独特低能电子态能带结构，其主要表现为：每个碳原子有 6 个核外电子，其中 1s 轨道填充 2 个电子，sp^2 杂化形成的 σ 键填充 3 个电子，而最后 1 个电子则填充到 p_z 轨道中。石墨烯的能带结构的导带和价带交于布里渊区的高对称点处，对应布里渊区的顶点 K。且在该高对称点 K 附近，其能量-动量呈线性色散，在 K 点处态密度为零。这里，价带与导带相交形成的锥形能带结构被称为狄拉克锥，而相交的交点则被称为狄拉克点，相应电子态为无质量狄拉克费米子。

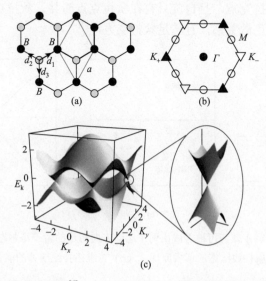

图 2.3　石墨烯晶格及能带结构图[6]。（a）石墨烯六角蜂窝晶格结构（阴影中的菱形为晶格常数 a 的原胞）；（b）布里渊区及对称点；（c）石墨烯能带结构及线性能带结构

石墨烯狄拉克点的简并性受空间和时间反演对称性保护。然而，有三点因素可使石墨烯在狄拉克点打开带隙（狄拉克点消失），进而使狄拉克费米子获得质量，即电子自旋轨道耦合作用、空间反演对称性破缺、时间反演对称性破缺。也就是说，自旋轨道耦合相互作用会依据石墨烯的对称性给其哈密顿量增加一个新的质量项。考虑最简单的情况，简并自旋轨道耦合相互作用与电子自旋 S_z 对易，则哈密顿量由自旋向上和自旋向下两部分组成。自旋向下和自旋向上对应的霍尔电导符号相反，但并没有破坏时间反演对称性，原因在于：时间反演会同时反转电子自旋和霍尔电导（σ_{xy}）。在外加电场作用下，自旋相反（自旋向上和自旋向下）的两种电子会产生不同方向的霍尔电流，因而此时霍尔电导为零。与此同时，可得到一个量子化的自旋霍尔电导 σ_{xy}^s，且 $\sigma_{xy}^s = 2e^2 / h$。这便是基于石墨烯体系预言的量子自旋霍尔效应。

2005 年，美国宾夕法尼亚大学的 Kane 和 Mele 首次提出可能在单层石墨烯样品中实现量子自旋霍尔效应[7, 8]。量子自旋霍尔态的特征为在零磁场条件下存在量子化的自旋霍尔电导。量子自旋霍尔态属于无自发对称性破缺的物质状态，与普通物质态大为不同。量子自旋霍尔边缘态电子运动遵从自旋-动量锁定原则，具体表现为：上边缘自旋向下的电子只能向左运动，相应自旋向上的电子只能向右运动；而下边缘则与之相反，可看成两个运动方向不同的量子霍尔态的叠加 [图 2.4（a）、（b）]。图 2.4（c）为量子自旋霍尔态（QSH）的典型能带结构示意图，二维拓扑绝缘体带隙内，具有不同自旋取向的两条边缘态从导带延伸至价带，在倒易空间 $k=0$ 处交于一点形成狄拉克点，且自旋只有在狄拉克点简并。狄拉克点附近边界态动量与能量满足线性色散关系，且满足狄拉克方程[7]。

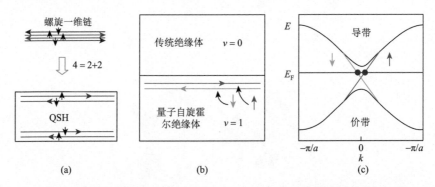

图 2.4 （a）量子自旋霍尔效应可被看成由两个运动方向相反的量子霍尔态叠加形成；（b）二维拓扑绝缘体金属性边缘态的形成原理；（c）二维拓扑绝缘体的能带结构示意图[8]

对于二维拓扑绝缘体而言，必须利用自旋轨道耦合打开能隙，才能实现时间反演不变的量子自旋霍尔态。但是，由于石墨烯的碳原子的原子序数低、质量轻，因此石墨烯在自旋轨道耦合作用下打开的体能隙约为 10^{-3} meV。极小的能隙进而使石墨烯只在极低温（10^{-2} K）条件下才可能观察到量子自旋霍尔效应[7]。综上可知，基于石墨烯体系的量子自旋霍尔态的实验实现具有极大的挑战，目前仅从理论层面对其自旋量子霍尔态进行讨论研究。

2.1.2 HgTe/CdTe 量子阱结构

基于以上对石墨烯体系量子自旋霍尔效应的讨论，可知：只有自身具有强自旋轨道耦合相互作用的二维拓扑绝缘体体系才能实现量子自旋霍尔效应的观测。因此，二维拓扑绝缘体材料的选择应优先考虑含重元素的物质。2006 年，斯坦福大学的张首晟等基于能带反转（band inversion）理论，预言了在特定结构的 HgTe/CdTe 量子阱中可出现量子自旋霍尔态[4]，为量子自旋霍尔绝缘体的实验发现奠定了基础。2007 年，理论预言的 HgTe/CdTe 量子自旋霍尔效应很快被德国的 Laurens Molenkamp 研究组实验证实[2]。

通常而言,半导体的 p 轨道电子形成的价带一般位于 s 轨道电子形成的导带下；但是，在某些由重元素形成的化合物中，元素电子间的强自旋轨道耦合效应可使 p 轨道形成的能带位于 s 轨道形成的能带之上，进而使形成的能带反转。如图 1.6 所示，HgTe/CdTe 量子阱中，CdTe 的导带主要由 s 轨道电子贡献，而价带由 p 轨道电子贡献；而 HgTe 能带中，Hg 和 Te 原子成键时强的自旋轨道耦合效应，将 p 带推到了 s 带上面，进而形成反转的能带结构。将 HgTe 夹层在两层 CdTe 中间，具有弱自旋轨道耦合效应的 CdTe 与具有强自旋轨道耦合效应的 HgTe 形成量子阱之后，其能带结构不再由各自独立的电子自旋耦合决定，而是由量子阱整体的电子自旋轨道耦合效应强度决定。且研究显示，CdTe/HgTe/CdTe 量子阱结构中，HgTe 的厚度决定了该整体的电子自旋轨道耦合效应强度，且 HgTe 存在临界尺寸。具体而言，当 HgTe 层厚小于临界厚度（6.3 nm）时，电子自旋轨道耦合效应强度主要受 CdTe 的影响，量子阱中束缚的二维电子态表现为常规能带次序，即 p 轨道电子形成的价带 H_1 在 s 轨道电子形成的导带 E_1 下面［图 2.5（a）］；当 HgTe 层厚大于 6.3 nm 时，二维电子态能带结构发生反转，H_1 位于 E_1 之上［图 2.5（b）］。随着 HgTe 层厚增加而出现的能带反转导致了一般绝缘体与量子自旋霍尔绝缘体之间的拓扑量子相变。简单来说，在系统空间反演对称性的近似下，二维电子态能带反转之后，由于 s 和 p 轨道有相反的宇称，在临界厚度时能带发生交叉，HgTe 能隙中产生一对具有相反的自旋且交于一点的边缘态。于是，在 HgTe 临界厚度时，二维电子态能隙消失，即 Z_2 不变量发生改变，产生拓扑相变。理论分析可知，平庸绝缘体向量子自旋霍尔绝缘体发生量子相变都会发生能带的反转。

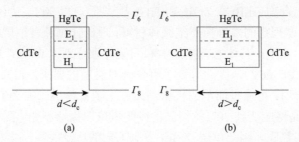

图 2.5　（a）HgTe 厚度 d 小于临界厚度 d_c 时（$d<d_c$），HgTe/CdTe 量子阱能级图；（b）HgTe 厚度 d 大于临界厚度 d_c 时（$d>d_c$），HgTe/CdTe 量子阱能级图[4]

德国 Laurens Molenkamp 研究团队第一次实现了量子自旋霍尔绝缘体的金属边界态的实验证明。简言之，其利用分子束外延技术实现了 CdTe/HgTe/CdTe 量子阱结构中 HgTe 厚度的调控，并首次直接观测到了边界态上量子化的电导率[2]，与理论计算一致，他们在零磁场下电导测量发现，中间层 HgTe 存在一个临界宽度。且当中间层厚度小于临界厚度时，常规半导体 CdTe 对量子阱结构起主要作用，量子阱样品几乎表现为绝缘态；而当中间层 HgTe 层厚度大于临界厚度时，HgTe 对量子阱结构起主要作用，量子阱样品只有边缘态参与了导电，表现出 2 倍量子电导 $2e^2/h$，且与样品长度无关；从而证实了 CdTe/HgTe/CdTe 量子阱是二维拓扑绝缘体。

2.1.3　其他体系

除 HgTe/CdTe 量子阱外，InAs/GaSb 量子阱也表现出了量子霍尔绝缘体的转变[9]。相比而言，因为 InAs/GaSb 量子阱对门电压响应更敏感，所以实验上 InAs/GaSb 量子阱较 HgTe/CdTe 量子阱更容易实现量子相变。与此同时，InAs/GaSb 量子阱也可被用来开发低功耗场效应晶体管。然而，由于 HgTe/CdTe 量子阱和 InAs/GaSb 量子阱两者体态带隙很小，一定温度下的热激发和制备产生的缺陷将在其体相内产生载流子，进而干扰实验上对表面或边界金属态的测量和利用。因此，HgTe/CdTe 量子阱和 InAs/GaSb 量子阱体系对制备样品的质量（如制备样品的本征缺陷要尽量少）和实验测量条件 [如实验测量温度要求在 30 mK（HgTe/CdTe 量子阱）和 300 mK（InAs/GaSb 量子阱）以下] 要求非常苛刻。这严重阻碍了基于 HgTe/CdTe 量子阱和 InAs/GaSb 量子阱的量子自旋霍尔效应的电子器件在室温或更高工作温度时的应用。寻找具有大带隙、材料易得且化学性质稳定的拓扑绝缘体材料是下一步的努力方向。

在量子自旋霍尔绝缘体材料体系中，基于时间反演对称性下的能带反转，以及强电子-自旋轨道耦合对材料体态带隙的大小起着关键作用。重元素内禀的自旋轨道耦合效应较强，使得体带能够打开较大的带隙。因此，诸多量子自旋霍尔绝缘体材料预测主要集中在重金属元素组成的系统，如金属 Bi、Sb、Sn 和 Te[10, 11, 12] 等及其组成的化合物 Bi$_4$Br$_4$、ZrTe$_5$ 和 HfTe$_5$[13, 14]等。以 ZrTe$_5$ 为例（图 2.6），单层 ZrTe$_5$ 被认为是理想的二维拓扑绝缘体材料，理论计算预言单层 ZrTe$_5$ 二维拓扑绝缘体具有较大能隙，其体态直接能隙和间接能隙分别为 0.4 eV 和 0.1 eV，均高于室温热涨落（26 meV），因此降低了测量上对温度的要求。ZrTe$_5$ 层间耦合为弱的范德瓦耳斯作用，可通过简单的机械剥离方法制备单层二维 ZrTe$_5$，且其拓扑特性在–10%压缩晶格应变到20%拉伸晶格应变下依旧保持不变 [图 2.6（d）]，故其可以适用于不同基底。因此单层 ZrTe$_5$ 受到人们的广泛关注，实验上众多科学家也在围绕 ZrTe$_5$ 材料展开物性研究[13, 14]。

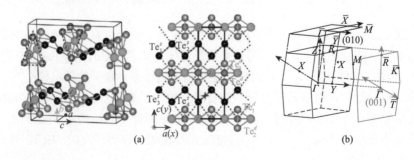

(a)　　　　　　　　　　　　　　　　　(b)

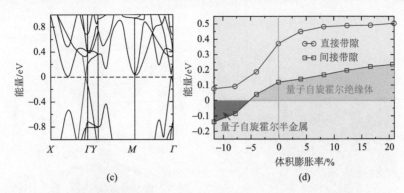

图 2.6　（a）ZrTe$_5$ 三维层状晶体结构及其层状结构；　（b）ZrTe$_5$ 三维布里渊区；
（c）ZrTe$_5$ 理论能带结构图；　（d）在−10%～20%晶格应变下，ZrTe$_5$ 依旧保持大能隙，
且其拓扑性质依然保持稳定[14]

2.2　三维拓扑绝缘体

　　量子霍尔效应通常存在于二维电子气体系。但是，具有时间反演不变性质的量子自旋霍尔效应却可存在于三维体系，也就是三维拓扑绝缘体。在三维体系中，由二维推广到四维的量子霍尔模型降维便可得到三维拓扑绝缘体，且量子霍尔效应对应拓扑绝缘体的表面态，同时也满足狄拉克方程。

　　三维拓扑绝缘体表现为体态绝缘，边界上存在导电的二维表面态，二维表面态与一维边缘态所对应，并通过 4 个 Z_2 拓扑数（v_0，$v_1v_2v_3$）来描述时间反演不变系统的拓扑性质。拓扑不变量 $v_0 = 0$ 意味着，两个表面态穿过费米能级偶数次，$v_1v_2v_3$ 不为零时属于弱拓扑绝缘体，表面态易受扰动；$v_0 = 1$ 属于强拓扑绝缘体，意味着表面态穿过费米能级奇数次，拓扑绝缘体表面态不易受扰动打开其带隙[15]。

　　三维拓扑绝缘体属于强拓扑绝缘体，带隙中有奇数个狄拉克锥表面态。表面态的电子为自旋方向和动量方向绑定在一起的具有左手螺旋性无质量的狄拉克费米子，在时间反演对称性的保护下，动量相反的表面态之间的散射被禁阻。如图 2.7 所示，对于每一个 k 态，电子态绕狄拉克点一圈后，其自旋转过的角度为 2π，由此引起了一个贝瑞位相（Berry phase），其相位角大小为 π。然而，在时间反演对称性保证下，电子态从 k 到 $-k$ 的背向散射并不会发生，由此使得强拓扑绝缘体具有非常稳定的表面金属态，而不会因非磁性杂质散射导致局域化的产生[16]。

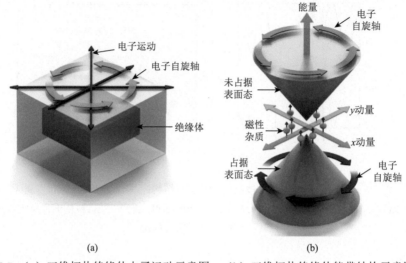

(a)　　　　　　　　　　　　　　　(b)

图 2.7 （a）三维拓扑绝缘体电子运动示意图；（b）三维拓扑绝缘体能带结构示意图[17]

有趣的是，狄拉克锥能带结构能够出现诸多材料体系，如石墨烯。但是拓扑绝缘体的狄拉克锥型能带结构却与石墨烯有着本质的区别。根据费米子倍增定理，所有的费米子都必须左右手成对出现。因此，石墨烯中的费米子类似，狄拉克点一定是成对出现在普通格点模型中。然而，三维拓扑绝缘体的表面态不尽相同。由于拓扑绝缘体自身拓扑性质，成对出现的两支狄拉克能带被推到了三维拓扑绝缘体材料的两个不同表面，致使两支狄拉克能带被完全隔开，因而每个表面表现为奇数个狄拉克点。在超薄的三维拓扑绝缘体薄膜中，由于两个表面间距足够近会发生上下表面的电子态耦合，进而打开三维拓扑绝缘体自身带隙，并移除狄拉克点处的简并。

2.2.1　第一类三维拓扑绝缘体

作为第一类三维拓扑绝缘体，$Bi_{1-x}Sb_x$ 是通过在 Bi 金属中掺杂一定量 Sb 得到的拓扑绝缘体[18]。Bi 是拓扑不变量为 0 的普通材料，而 Sb 是拓扑不变量为 1 的拓扑非平庸体系，一定量 Sb 与 Bi 合金化形成 $Bi_{1-x}Sb_x$ 后可以实现具有能隙的三维拓扑绝缘体。如图 2.8 所示，单质 Bi 是一种具有强自旋轨道耦合效应的半金属材料，其在 T 点的价带顶高于 L 点的导带能量，且 L 点价带顶和导带底能带分别来自反对称的 L_a 和对称的 L_s 轨道，两者之间具有一个小能隙。Bi 掺杂一定量 Sb，由于 Bi-Bi 自旋轨道耦合相互作用减弱而发生能带变化。当 Sb 的含量约为 0.04 时，L_a 和 L_s 轨道之间的能隙消失，形成三维狄拉克点；随着 Sb 含量进一步增加，能隙再次打开。当 $x>0.07$ 时，T 点的价带顶能量低于 L 点导带底，形成具有间接带隙的绝缘体；当 $x>0.09$ 时，T 点价带顶的能量将低于 L 点价带顶，形成一个直接能隙的绝缘体；当 $x>0.22$ 时，$Bi_{1-x}Sb_x$ 恢复成为半金属。

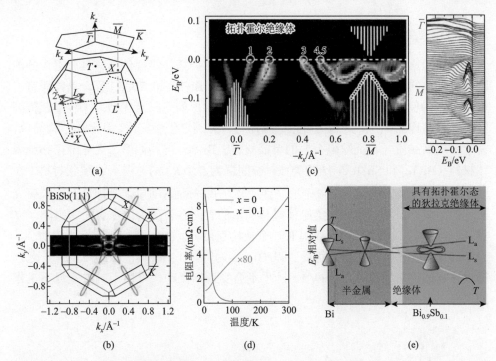

图 2.8 （a）$Bi_{1-x}Sb_x$ 三维布里渊区；（b）角分辨光电子能谱测到的 $Bi_{1-x}Sb_x$（111）表面态的费米面形状；（c）角分辨光电子能谱测到的 $Bi_{1-x}Sb_x$（111）表面态能带结构，在两个时间反演不变点 M 和 Γ 之间表面态与费米面相交为奇数次；（d）$Bi_{1-x}Sb_x$ 变温电阻率曲线；（e）$Bi_{1-x}Sb_x$ 体态能量随 x 变化的能带结构变化示意图[18]

角分辨光电子能谱（ARPES）测量结果表明，$Bi_{1-x}Sb_x$ 表面态与费米面的交叉点为奇数个，与理论预测的一样；再者，自旋分辨的角分辨光电子能谱测量证实 $Bi_{1-x}Sb_x$ 存在非简并的且自旋极化的表面态，从而证实 $Bi_{1-x}Sb_x$ 是一种三维拓扑绝缘体（图 2.8）。随后，扫描隧道显微镜技术证明 $Bi_{1-x}Sb_x$ 拓扑绝缘体表面态中存在背散射抑制的现象[18, 19]。

三维拓扑绝缘体 $Bi_{1-x}Sb_x$ 属于 Sb 随机取代 Bi 形成的合金，组分比例不易精确控制，电子结构和色散关系必须在平均场或相干势近似下出现拓扑绝缘体相；表面态过于复杂，有多达五个或更多的表面能穿过费米面，其不容易被简单的理论模型描述；体能隙小，只有 10 meV 左右，很容易受热激发的影响，且容易在合成过程中在体能隙内引入杂质能级，与表面态重叠。因此，具有明确的电子结构和化学计量比，且拥有大带隙和简单的表面态的新型拓扑绝缘体——第二类三维拓扑绝缘体，亟待发掘。

2.2.2　第二类三维拓扑绝缘体

相比于第一类三维拓扑绝缘体 $Bi_{1-x}Sb_x$，第二类拓扑绝缘体材料具有更大的能隙和更简单的表面态，其材料体系包括 Bi_2Se_3、Bi_2Te_3 和 Sb_2Te_3 等。具体而言，以 Bi_2Se_3 为例，第二类拓扑绝缘体材料主要表现出如下三点优势：①容易获得高纯度的单晶样品。由于第二类拓扑绝缘体材料有确定化学配比，且晶体结构简单，易于合成高品质（本征缺陷少）的单晶材料。Bi_2Se_3 与其他第二类三维拓扑绝缘体材料（Bi_2Te_3 和 Sb_2Te_3）结构类似，空间群为 $D_{3d}^5(R\overline{3}m)$，是一种层状材料，在 z 方向每五层原子构成一个量子层（图 2.9）。②表面态简单，是理论及实验研究最理想的模型。第二类拓扑绝缘体材料简单的表面态表现为：在表面布里渊区 Γ 点（$k=0$）处，其带隙内仅仅具有一个狄拉克点。③体能隙较大，受热扰动小，为实际量子器件应用提供了可能。以 Bi_2Se_3 为例，Bi_2Se_3 体能隙约 0.3 eV，远远超出室温的能量尺度（26 meV），几乎不会受到热扰动，可用于制备室温下工作的自旋电子器件。

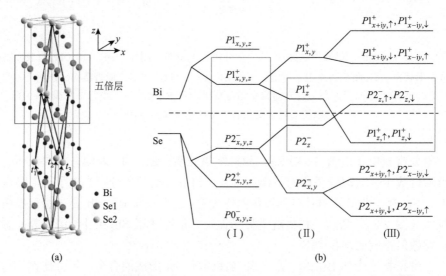

图 2.9　（a）拓扑绝缘体 Bi_2Se_3 的晶体结构；（b）原子轨道演化示意图[20]

与二维拓扑绝缘体类似，第二类三维拓扑绝缘体材料同样具有强自旋轨道耦合效应，诱导能带在布里渊区的 Γ 点附近反转，进而发生拓扑相变形成三维拓扑绝缘体。三维拓扑绝缘体的能带结构也可以用能带反转来理解。以 Bi_2Se_3 为例（图 2.9），Bi_2Se_3 的拓扑性质来源于 Bi 原子 p_z 轨道和 Se 原子 p_z 轨道的强自旋轨道耦合效应，Bi_2Se_3 能级的演化可以分为三个阶段：化学成键、晶体场劈裂和自旋轨道耦合效应[14]。由于费米面附近的电子态主要来自 p 轨道，因此可忽略 s 轨道的影响，仅

考虑原子轨道 Bi（$6s^2 6p^3$）和 Se（$4s^2 4p^4$）。在第 I 阶段，Bi 和 Se 原子化学键合，组成最大能量尺度的五倍层，费米能级附近的电子态主要来自 p 轨道的贡献，且 Bi 原子的每个 p 轨道组成两个宇称态（$\left| P1_{x,y,z}^{\pm} \right\rangle$），而 Se 原子的每个 p 轨道组成三个宇称态（$\left| P2_{x,y,z}^{\pm} \right\rangle$，$\left| P0_{x,y,z}^{-} \right\rangle$），图中的符号 ± 表示态的宇称。在第 II 阶段，由于不同 p 轨道之间的晶体场劈裂效应，p_z 轨道与 p_x、p_y 轨道分开，且 p_x 和 p_y 轨道杂化，使最接近费米能级的轨道最终退化为 p_z 轨道（$\left| P1_z^{+} \right\rangle$，$\left| P2_z^{-} \right\rangle$）。在第 III 阶段，$p_z$ 发生自旋轨道耦合相互作用。在自旋轨道耦合作用下，自旋与轨道角动量相互耦合，总角动量守恒，p_z 轨道（$\left| P1_{z,\uparrow(\downarrow)}^{+} \right\rangle$）与 $p_x p_y$ 轨道（$\left| P1_{x+iy,\uparrow(\downarrow)}^{+} \right\rangle$）相互排斥，$\left| P2_{z,\uparrow(\downarrow)}^{-} \right\rangle$ 能级上移而 $\left| P1_{z,\uparrow(\downarrow)}^{+} \right\rangle$ 能级下移。如果自旋轨道耦合相互作用足够强，$\left| P2_{z,\uparrow(\downarrow)}^{-} \right\rangle$ 与 $\left| P1_{z,\uparrow(\downarrow)}^{+} \right\rangle$ 能级发生反转。因此，第二类三维拓扑绝缘体形成的物理机制与二维拓扑绝缘体类似。

拓扑绝缘体单晶通常利用固相熔融的方法制备。例如，层状的拓扑绝缘体 Bi_2Se_3 单晶通过 Bi 和 Se 的固相熔融方法制得，层状 Bi_2Se_3 单晶可在超高真空环境下解理出新鲜表面，并通过角分辨光电子能谱进行能带解析。角分辨光电子能谱证实了第二类三维拓扑绝缘材料表面态（Bi_2Se_3）由单个狄拉克锥组成[21][图 2.10（a）]；更为重要的是，自旋分辨的角分辨光电子能谱观测到狄拉克锥的自旋形成了左手螺旋的结构[22][图 2.10（b）～（d）]；通过不同角分辨光电子能谱能量下的 Bi_2Se_3 能带结构研究，发现在 k 空间 Bi_2Se_3 表面态等能面呈现各向异性的雪花形状，表明表面态不同方向的费米速度不相同[23]。如前所述，当三维拓扑绝缘体自身厚度减小到一定厚度时，上下表面的耦合会打开能隙，导致狄拉克点的简并被消除。对于 Bi_2Se_3 薄膜，人们发现当薄膜厚度薄至 6 个量子层厚度以下时，Bi_2Se_3 上下两个表面会发生耦合并打开能隙，狄拉克锥型表面态消失。

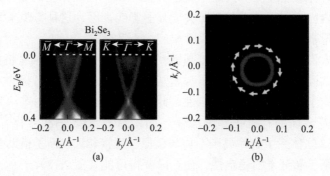

(a)　　　　　　　　(b)

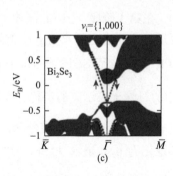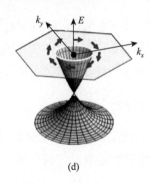

图 2.10　三维拓扑绝缘体 Bi_2Se_3 表面自旋-动量锁定的狄拉克表面态[15]。（a）角分辨光电子能谱测量到的 Bi_2Se_3 能带结构；（b）Bi_2Se_3 表面态费米面螺旋性表征；（c）理论计算得到的 Bi_2Se_3 表面态的色散关系；（d）Bi_2Se_3 表面态色散关系以及自旋取向的示意图

2.3　有机拓扑绝缘体

迄今，多种拓扑绝缘体已经被理论预测并在实验上得到了证实。常见的拓扑绝缘体系统，如 Bi_2Se_3 和 HgTe/CdTe 量子阱等，大多属于无机材料体系。这些材料通常通过化学气相沉积、分子束外延等高温合成方法制备得到，并能够观察到清晰的拓扑表面态。不过，只要体系中存在强的自旋轨道耦合，现有理论并不排斥有机拓扑绝缘体的存在，故而值得探索的是：是否存在稳定的有机拓扑绝缘体呢？

对于有机绝缘体材料体系，最初的理论工作主要瞄准以三苯基铅（铋）为单元的二维超分子体系[24]。第一性原理的计算指出，三苯基铅超分子的二维晶格在 K 点处存在狄拉克锥的结构，在考虑自旋轨道耦合作用后，体相在 K 点处打开 8.6 meV 的带隙（图 2.11）。局域态密度的计算显示非平庸的无带隙边缘态确实存在于锯齿（zigzag）边。三苯基铋有类似结果，稍有不同的是，由于铋比铅多一个价电子，其费米能级位于狄拉克点之上 0.31 eV。需要指出的是，二维有机拓扑绝缘体的面内应力对于体态的带隙并无显著影响，因为这种带隙来源于重金属原子的自旋轨道耦合效应，后者对于骨架应力不敏感。

随后，人们又开发了基于三苯基铟[25]、三苯基锰[26]的二维有机拓扑绝缘体。这些体系的共同特点是：金属离子与苯基直接相连，具有蜂窝状的六边形晶体结构。但是，由于碳负离子的不稳定性，此类化合物合成比较困难。为此，人们设计了非三苯基金属的有机拓扑绝缘体，如六巯基苯镍/铂配合物[27, 28]以及氰基配合物[29]，这些体系中金属离子不再与碳原子直接相连，而是借助杂原子作为螯合位点，增强了超分子的稳定性，使合成变得可能（图 2.12）。

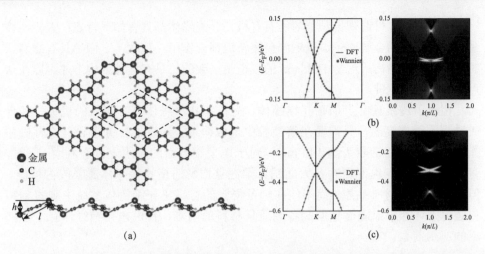

图 2.11   三苯基铅（铋）拓扑绝缘体系统[24]。（a）三苯基铅（铋）超分子的结构；（b）三苯基铅的体相能带结构和边缘态的局域电子密度图；（c）三苯基铋的体相能带结构和边缘态的局域电子密度图，DFT 表示密度泛函理论，Wannier 表示瓦尼尔能带理论

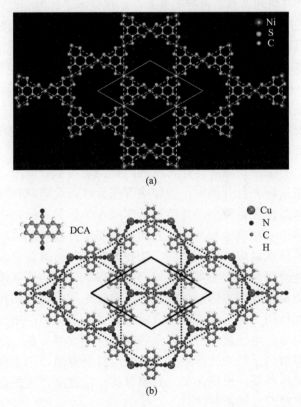

图 2.12   （a）六巯基苯镍配合物的结构[25]；（b）氰基铜配合物的结构[29, 30]

可以发现，目前理论预测的所有有机拓扑绝缘体都具有如下特点：首先，体系都包含较重的金属原子，以增强自旋轨道耦合作用；其次，它们都具有蜂窝状的六边形晶体结构，这与 Haldane 的模型是一致的，只有这种结构下才可以在 K 点处出现狄拉克锥。

相较于传统意义上的拓扑绝缘体，有机拓扑绝缘体具有明显的优势。其合成过程不需要高温，只需要在溶液相中反应即可。通过优化分子设计，有机拓扑绝缘体的体相带隙可达 140 meV，对于电子学方面的应用十分有利[30]。同时，有机分子的特点也使得制备大面积、柔性且均匀的拓扑绝缘体薄膜成为可能。但目前受限于材料品质，尚不能在制备得到的有机拓扑绝缘体系统中观察到拓扑边缘态。若未来能够克服制备高质量材料的困难，有机拓扑绝缘体有十分广泛的应用前景。

2.4　拓扑近藤绝缘体

强电子关联材料通常具有奇异的基态，如重费米子行为、近藤绝缘、非常规超导等性质。近藤绝缘体是指具有局域磁矩和巡游电子耦合强关联效应的窄带隙绝缘体材料，也称重费米子半导体。拓扑近藤绝缘体是一种近藤强关联效应带来的强拓扑绝缘体。材料自身的无序性往往会导致安德森局域化和表面重构，进而消除导电状态，传统表面态因对无序异常敏感，因此在绝缘体材料中极少存在宏观导电表面。与普通拓扑绝缘体材料相比，近藤强关联下拓扑保护的表面态在安德森局域化和表面重构下依旧可以保持稳定。因此，拓扑近藤绝缘体有一个明显优势：导电性质对材料缺陷不敏感。

由前所述，三维拓扑绝缘体存在很强的自旋轨道耦合效应，在周期性势场影响下能带发生反转并打开能隙，能隙中存在受时间反演对称性保护的表面电子态。由于费米面落在带隙中，并穿过具有线性色散关系的拓扑表面态，三维拓扑绝缘体的体态呈现绝缘行为，而表面则表现出有较高迁移率和不受非磁性杂质散射影响等特殊输运性质。然而，拓扑绝缘体对材料自身晶体质量有着很高的要求，拓扑绝缘体由于不可避免地存在自掺杂效应，通常被引入体载流子而在不同程度上掩盖表面态的输运特性。具有强电子关联的拓扑近藤绝缘体能隙是由近藤相互作用引起，其电导仅来源于体系的边缘态，拓扑非平庸的表面态可以存在，因而导电性质对材料体系的缺陷并不敏感。在一定温度下，低温下局域电子和巡游电子的杂化导致费米面附近打开能隙，产生电绝缘行为，材料依旧保持绝缘体性质。也就是说，只要保持一定温度，拓扑近藤绝缘体不因自身缺陷态的存在而改变导电行为。

拓扑近藤绝缘体由费米子强相互作用产生，必须考虑电子之间的相互作用。

拓扑近藤绝缘体的非平庸电子态便是由导带 d 电子与 f 电子杂化耦合产生的[31]。近藤绝缘体中 f 电子自旋轨道耦合能量大小在 0.5 eV 左右，而近藤绝缘体的能隙大约只有 10 meV，因此其自身自旋轨道耦合足够使能带发生反转而带来拓扑态；再者，近藤绝缘体中 f 态电子是奇宇称，d 态电子是偶宇称，d 带和 f 带耦合能带交叉并打开带隙。那么，如图 2.13 所示，如果布里渊区内宇称相反的能带发生奇数次交叉，便会使平庸近藤绝缘体相变成为拓扑近藤绝缘体（强 Z_2 拓扑绝缘体）。

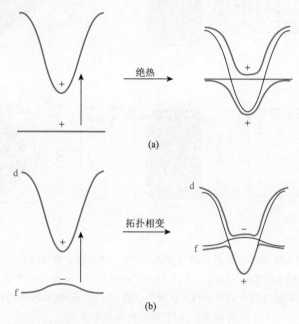

图 2.13　(a) 普通近藤绝缘体随着耦合增强能带演化示意图；(b) 拓扑近藤绝缘体随着耦合增强能带演化示意图[32]

　　拓扑近藤绝缘体主要是含 f 电子的稀土化合物，而 SmB_6 是其中的典型代表。如图 2.14 (a) 所示，SmB_6 为 CsCl 型立方晶格结构，Sm 离子和 B_6 八面体分别位于晶体的顶角和体心。同时，近藤绝缘体通常在高温下表现出金属性，低温下可发生 f 带和 d 带杂化，发生拓扑相变。这种现象在重费米子半导体 SmB_6 体系中也存在。如图 2.14 (b) 所示，电阻测量表明，随着温度的下降，SmB_6 的电阻会出现金属到绝缘体的相变。由于近藤效应，磁性杂质对迁移电子造成散射，使电阻急剧增大，出现"绝缘"行为；但迁移电子会屏蔽磁矩出现近藤单态，电阻不随温度下降而始终上升，低温下的表面态使电阻进一步饱和。而这种异常的剩余电导可归结于近藤带隙中电子态的贡献。实验上，角分辨光电子能谱技术［图 2.14 (c) ～ (f)］观测到 SmB_6 表面电子结构具有温度依赖的间隙态，并且这种间隙态会在接近相干近藤杂化时消失。SmB_6 能带色散具有 Sm 5d

衍生能带，以及结合能约 150 meV 的 Sm 5d 能带和 Sm 4f 平带杂化能带，证明了 SmB$_6$ 电子体系的近藤效应。近藤绝缘体中杂化过程出现在布里渊区 3 个 X 点附近，即 X 点在（001）面的投影点 X_1、X_2、Γ。

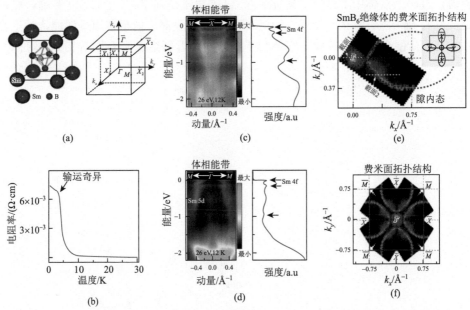

图 2.14　（a）SmB$_6$ 晶体结构及三维布里渊区[33]；（b）用于角分辨光电子能谱测量的样品的电阻率随温度变化曲线；（c）M-X-Γ 动量空间方向角分辨光电子能谱图；（d）X-Γ-X 动量空间方向角分辨光电子能谱图；（e）SmB$_6$ 拓扑近藤绝缘体费米表面图；（f）对称表面费米面图

2.5　拓扑晶体绝缘体

　　与拓扑绝缘体相似，拓扑晶体绝缘体自身也存在比较强的自旋轨道耦合效应，物理性质由能带的拓扑性质决定。由于化学键和晶体场劈裂，拓扑晶体绝缘体的体态具有能带反转的特性[34]；且其反转的体态能隙里存在偶数个（除了零）自旋极化、无能隙的狄拉克锥型表面态[35]，受时间反演对称性和镜面对称性保护。值得说明的是，拓扑晶体绝缘体不同于同样拥有偶数个狄拉克锥型表面态的弱拓扑绝缘体，拓扑晶体绝缘体狄拉克锥型表面态在镜面对称性保护下稳定存在，而弱拓扑绝缘体的狄拉克锥型表面态容易被散射破坏。

　　如前所述，镜面对称性保护是影响拓扑晶体绝缘体表面态稳定性至关重要的因素，而晶格空间群的对称性对拓扑晶体绝缘体材料的表面态稳定性有决定性作用。目前，理论预言表示，拓扑晶体绝缘体主要存在于旋转对称性和镜面对称性

的 C_4 和 C_6 晶格空间群[27]。拓扑晶体绝缘体材料体系主要是具有 NaCl 型晶体结构的 IV-VI 主族半导体化合物以及合金，如 $Pb_{1-x}Sn_xTe$[36-38]、$Pb_{1-x}Sn_xSe$[36, 39, 40] 和 $SnTe$[41, 42] 等。

2.5.1 $Pb_{1-x}Sn_xTe$

$Pb_{1-x}Sn_xTe$ 是第一种被理论预言为拓扑晶体绝缘体的材料[37, 38, 43]，具有 NaCl 型晶体结构，Pb/Sn 原子占据八面体的顶点和面心，Te 原子占据八面体的棱心和体心 [图 2.15 (a)]。理论预言表明，在 $Pb_{1-x}Sn_xTe$ 具有镜面对称性的三个晶面上可存在拓扑非平庸的狄拉克锥型表面态，其分别为 (001) 面、(110) 面和 (111) 面[41] [图 2.15 (b)]。除此之外，$Pb_{1-x}Sn_xTe$ 能隙存在于体布里渊区 4 个 L 点处，且随着 $Pb_{1-x}Sn_xTe$ 中 Pb 量的减少（x 值增加），L 点处的能隙先关闭再打开。如图 2.15 (c) 所示，当 $x < x_{inv.}$ 时，能带不发生反转，处于正常状态，$Pb_{1-x}Sn_xTe$ 为普通半导体；当 $x > x_{inv.}$ 时，带隙关闭又打开之后，能带发生反转，$Pb_{1-x}Sn_xTe$ 为拓扑晶体绝缘体。

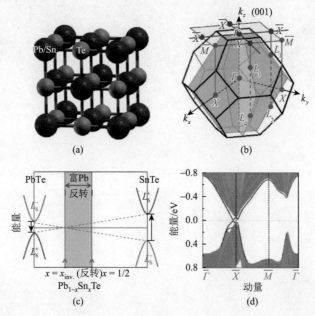

图 2.15 (a) $Pb_{1-x}Sn_xTe$ 体系的 NaCl 型晶体结构；(b) $Pb_{1-x}Sn_xTe$ 体系的三维布里渊区以及 (001) 面面内布里渊区；(c) $Pb_{1-x}Sn_xTe$ 体系 L 点能带反转的示意图；(d) SnTe 理论计算能带结构[38]

实验上，相比于 PbTe 和 $Pb_{1-x}Sn_xTe$，SnTe 是体能带带隙更大的拓扑晶体绝缘体，最适合研究表面态性质（图 2.16）。但是，SnTe 单晶在制备过程中易出现 Sn 缺陷，常导致 SnTe 为重 p 型掺杂，费米能级处于价带，很难在电学输运实验上看到 SnTe 表面态。对 SnTe 晶体进行 Pb 掺杂，可调节 $Pb_{1-x}Sn_xTe$ 体系的费米能级，进而实验上可实现 $Pb_{1-x}Sn_xTe$ 表面态的直接观测（图 2.16）。普林斯顿大学的 M. Z. Hasan、清华大学的薛其坤和陈曦等采用自旋分辨角分辨光电子能谱，在 $Pb_{1-x}Sn_xTe$

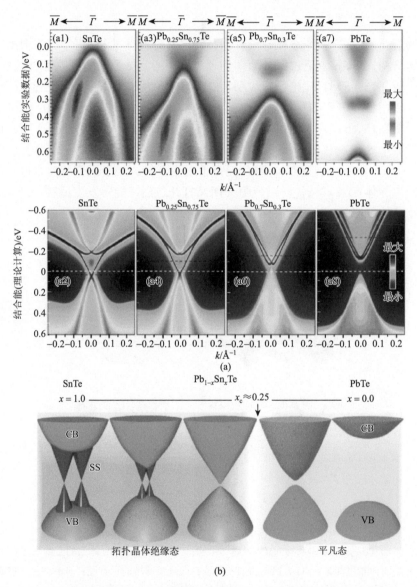

图 2.16　（a）在 Γ 点附近的 $Pb_{1-x}Sn_xTe$ 薄膜（30 nm 厚）的实验测量和理论电子结构，红色和白色虚线表示通过角分辨光电子能谱观察到的掺杂样品的费米能级与通过计算给出的固有样品的费米能级之间的相对偏移[43]；（b）$Pb_{1-x}Sn_xTe$ 的能带随 Sn 量的变化而变化，逐渐由拓扑晶体绝缘态 SnTe 演变为拓扑平凡态 PbTe，CB、VB 和 SS 分别表示体导带、体价带和表面态[37]

单晶的（001）面中观察到拓扑非平庸的狄拉克锥型表面态，实验上证明了 $Pb_{1-x}Sn_xTe$ 的拓扑晶体绝缘体特殊的能带结构性质[38,43]。图 2.17 是 $Pb_{0.6}Sn_{0.4}Te$（001）晶面上非平庸的拓扑表面态的自旋分辨角分辨光电子能谱。通过改变光子能量和自旋分辨的测量方法，在第一布里渊区 $\overline{\Gamma}-\overline{X}$ 方向上观测到了 4 个等价的表面态，表明 $Pb_{0.6}Sn_{0.4}Te$（001）晶面存在 4 个受镜面对称性保护和自旋极化的狄拉克锥型表面态，从而证明了 $Pb_{1-x}Sn_xTe$ 为拓扑晶体绝缘体。2014 年，清华大学薛其坤和陈曦等在分子束外延（molecular beam epitaxy，MBE）方法生长的高质量 $Pb_{1-x}Sn_xTe$（111）面的薄膜中，也观测到拓扑非平庸狄拉克锥型表面态，进一步确证 $Pb_{1-x}Sn_xTe$ 为拓扑晶体绝缘体[43]。

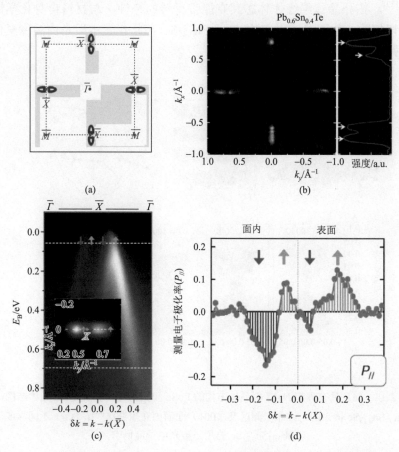

图 2.17　（a）理论计算的 $Pb_{1-x}Sn_xTe$（$x=0.4$）（001）面的等能面；（b）实验测量的 $Pb_{1-x}Sn_xTe$（$x=0.4$）（001）面的等能面；（c）角分辨光电子能谱测得面内自旋极化的谱图；（d）费米能级附近的表面态的面内自旋极化关系曲线[38]

2.5.2 $Pb_{1-x}Sn_xSe$

与 $Pb_{0.6}Sn_{0.4}Te$（001）晶面狄拉克表面态相似，$Pb_{1-x}Sn_xSe$（001）晶面狄拉克表面态也处于动量空间的 $\bar{\Gamma} - \bar{X}$ 线上[39, 44]（图 2.18）。有趣的是，波兰科学院的 T. Story 和瑞典皇家理工学院的 O. Tjernberg 基于角分辨光电子能谱实验观测手段，发现 $Pb_{0.77}Sn_{0.23}Se$（001）晶面的狄拉克表面态会随着测量温度的改变而发生拓扑相变，且相变的临界温度（T_c）为 100 K[44]。如图 2.18 所示，当测量温度 $T > T_c$ 时，$Pb_{0.77}Sn_{0.23}Se$ 能带不发生反转，处于正常状态，$Pb_{0.77}Sn_{0.23}Se$ 为平庸拓扑绝缘体；当测量温度 $T < T_c$ 时，能带发生反转，$Pb_{0.77}Sn_{0.23}Se$ 为拓扑晶体绝缘体[39]。拓扑晶体绝缘体体态具有能带反转的特性，与材料自身化学键和晶体场密切相关，故而温度引起的 $Pb_{0.77}Sn_{0.23}Se$ 拓扑相变本质是由温度变化引起晶格常数大小的改变。

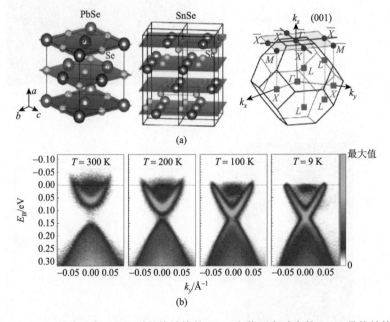

图 2.18 （a）具有理想 NaCl 型晶体结构的 PbSe 和偏正交畸变的 SnSe 晶体结构，$Pb_{0.77}Sn_{0.23}Se$ 体系的三维布里渊区及（001）面面内布里渊区[44]；（b）不同温度下 $Pb_{0.77}Sn_{0.23}Se$ 的角分辨光电子能谱[39]

2.6 ▶▶ 拓扑超导体

三维拓扑绝缘体是表面导电内部绝缘的新型量子态材料，主要表现为：其表面是受时间反演对称保护和自旋轨道耦合效应影响的无能隙金属态，体态为有能隙的绝缘态[15]。将 S 波超导体与拓扑绝缘体接触，超导体存在邻近效应，其在拓扑绝缘体表面诱导产生超导能隙，使得表面处出现马约拉纳费米子束缚态[45]，这一超导体就是拓扑超导体。如果拓扑绝缘体转变成拓扑超导体，将出现满足非阿贝尔统计的激子，使其存在零能的边缘态——马约拉纳费米子。由于非阿贝尔粒子的拓扑性质受对称性保护，杂质的散射不影响其零能边缘态。也就是说，马约拉纳费米子不被附近的粒子、原子吸引或排斥，对无序和杂质不敏感，这种容错特性可有效保护量子态。因此，拓扑超导体不会受到微小扰动影响，致使量子态退相干，进而导致计算错误，有望应用于量子计算领域[46]。

理论上，可通过近邻效应实现拓扑绝缘体中诱导出拓扑超导态的可能[3]，但这并不是由关联效应诱导的本征拓扑超导体。由关联效应诱导出的具有时间反演不变的本征拓扑超导体最重要的概念是拓扑配对。从拓扑配对机制上看，铁磁涨落可诱导出波配对，故在铁磁涨落较强的材料系统中，可能实现拓扑相变而转变成拓扑超导体。对具体材料体系而言，目前已报道的可能的拓扑超导体有 Sr_2RuO_4[47]、$Cu_xBi_2Se_3$[48, 49]、$Sr_xBi_2Se_3$[50] 及 FeSeTe[51]。其中，$Cu_xBi_2Se_3$ 的拓扑超导形成机制尤为有趣，可以看成是由拓扑绝缘体转变为拓扑超导体。在实验中，可通过在拓扑绝缘体 Bi_2Se_3 层间插入 Cu 原子形成 $Cu_xBi_2Se_3$ 化合物，进而实现由拓扑绝缘体向拓扑超导体的转变，这为从结构设计出发实现本征拓扑超导体的构筑提供了一条新思路。

如图 2.19（a）～（c）所示，Bi_2Se_3 拓扑绝缘体具有典型的层状晶体结构，层内原子以 Se(Ⅰ)-Bi-Se(Ⅱ)-Bi-Se(Ⅰ)五倍原子层的方式键连[52]，层内为强共价键，层间为弱的范德瓦耳斯相互作用[13]。层间范德瓦耳斯间隙的存在，使 Cu 有可能插层进入 Bi_2Se_3 层间形成拓扑超导体 $Cu_xBi_2Se_3$。其中，$Cu_xBi_2Se_3$ 拓扑超导体可看成在 Bi_2Se_3 拓扑绝缘体六边形夹层之间化学植入 Cu 形成的 Se(Ⅰ)-Bi-Se(Ⅱ)-Bi-Se(Ⅰ)-Cu 层［图 2.19（d）］。由于插入 Cu 或 Sr 后 Bi_2Se_3 依旧保持着 Se(Ⅰ)-Bi-Se(Ⅱ)-Bi-Se(Ⅰ)层状结构，因此 $Cu_xBi_2Se_3$ 与 Bi_2Se_3 具有相似的结构特点。

在层状 $Cu_xBi_2Se_3$ 化合物中，Cu 原子插入 Bi_2Se_3 层状材料晶格中的位置决定了增加载流子的种类（空穴或电子）[54]。若 Cu 原子位于 Bi_2Se_3 层间，则 Cu 是单电子的施主；但若 Cu 置换 Bi_2Se_3 晶格中的 Bi 原子，则形成两个空穴，相当于补偿掺杂[53]。此外，$Cu_xBi_2Se_3$ 中 Cu 的化学配比对超导特性有很大影响。电学输运研究发现，只能在 $Cu_xBi_2Se_3$ 一个特定的化学配比范围观察到超导特性（$0.1 \leqslant x \leqslant 0.30$）。如图 2.20（a）所示，$Cu_{0.12}Bi_2Se_3$ 单晶的零磁场超导转变温度为 3.8 K。有趣的是，在温度达到超导温度以下时，其电阻并不严格降低为零，这说明 $Cu_{0.12}Bi_2Se_3$ 拓扑超导体不同于常规超导体，其晶体中并不存在连续的超导通道。其可能的原因在于：Cu 原子掺杂导致化学势上移，致使一个有限大小的费米面存在于 $Cu_xBi_2Se_3$ 中。

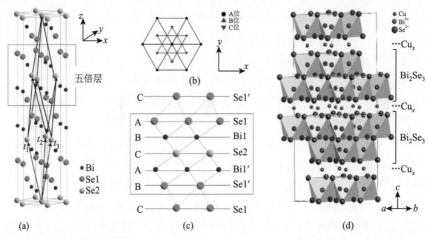

图 2.19 （a）～（c）拓扑绝缘体 Bi_2Se_3 的晶体结构[52]；（d）拓扑超导体 $Cu_xBi_2Se_3$ 晶体结构[53]

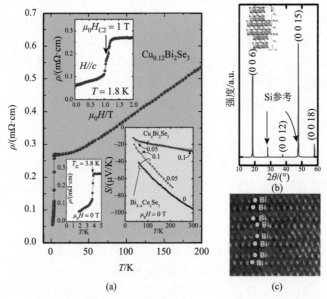

图 2.20 （a）$Cu_xBi_2Se_3$ 超导体的超导转变温度；（b）、（c）$Cu_xBi_2Se_3$ 超导 X 射线
衍射（XRD）和高分辨率透射电子显微镜表征[53]

关于 $Cu_xBi_2Se_3$ 超导形成机制仍然存在争论[53]。XRD 研究发现 $Cu_xBi_2Se_3$ 超导长程有序 [图 2.20（b）]，而 $Cu_xBi_2Se_3$ 的截面高分辨率透射电子显微镜晶格像表明，Cu 插层使晶格 Z 参数略有增长，呈现长程有序或短程有序排列 [图 2.20（c）]。由此可见，Cu 原子插入 Bi_2Se_3 材料的夹层中确实可构筑层状 $Cu_xBi_2Se_3$ 的新结构。

2011 年，大阪大学的 Yoichi An 课题组使用点接触法测量超导体 $Cu_xBi_2Se_3$ 表面的微分电导 [图 2.21（a）、（b）]。如图 2.21（c）所示，在偏压 $V = 0$ 附近，微分电导有一个明显的尖峰。随着测量温度的升高或外加垂直磁场强度的增大，微分电导率的尖峰变小 [图 2.21（d）]。零偏压附近的微分电导率尖峰表明了超导体 $Cu_xBi_2Se_3$ 存在拓扑非平凡的表面态，进而表现为态密度不为零。与此同时，零偏压处的微分电导率尖峰并未向下凹陷，表明 $Cu_xBi_2Se_3$ 的超导配对势很可能在（111）平面上存在节点[49]。

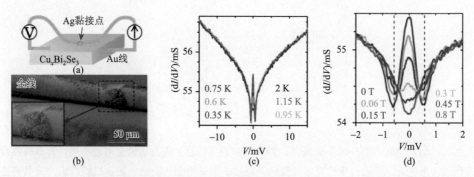

图 2.21　（a）点接触测量超导体 $Cu_xBi_2Se_3$ 表面微分电导示意图；（b）超导体 $Cu_xBi_2Se_3$ 测量样品的扫描电子显微镜照片；插图放大了形成点接触的银浆点；（c）、（d）零偏压电导峰[49]

2.7　外尔半金属

外尔半金属具有拓扑非平庸的能带结构，其线性能量动量色散关系使之成为一种相对论性的电子系统。外尔半金属曾被称为"三维的石墨烯"，外尔半金属中的低能激发无质量费米子被称为外尔费米子，它是整个费米子家族（狄拉克费米子、外尔费米子、马约拉纳费米子）中的重要一员。图 2.22 表示外尔半金属的基本能带结构。外尔半金属能带结构中，体带中非简并的价带和导带交点处存在零能极限下的外尔费米子，这个价带和导带的交点被称为外尔点。外尔点处，通过外尔费米子的手性来描述外尔点的拓扑性质，并且这种拓扑性质保护了外尔半金属表面的无能隙态。外尔半金属表面态以费米弧的形式存在于材料布里渊区表面，并将体能带中的外尔点连接起来。外尔费米子的静质量为零且具有特定的手性，在基础科学研究方面有重大意义，在器件应用方面具有潜在的重要价值。

从能带结构角度，外尔半金属可以被分为两类：第一类外尔半金属和第二类外尔半金属。第一类外尔半金属以 TaAs[56]为代表，其电子能带结构表现为：半金属外尔点附近的能带为直立的 X 形锥体，且费米子满足洛伦兹对称性。在这里，满足洛伦兹对称性的费米子被称为第一类外尔费米子，因此对应的拓扑材料称为第一类外尔半金属。第二类外尔半金属以 $MoTe_2$、WTe_2 等为代表，其电子能带结构表现为：半金属外尔点附近能带发生严重倾斜，致使洛伦兹对称性被打破。此

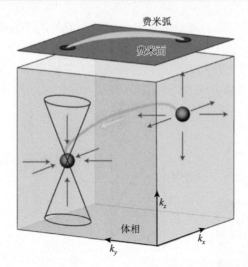

图 2.22 动量空间中的外尔半金属[55]。两个外尔点（红色）作为动量空间磁单极，其具有线性带色散（黑色），并通过狄拉克串（黄色）连接。顶部平面（灰色）显示二维投影，其具有连接节点的费米弧（黄色），并且可以在光电发射实验中观察到。由图上可以看出，在外尔半金属表面有无能隙的表面态费米弧连接于两个手性相反的外尔点

时，外尔点处的费米子被称为第二类外尔费米子，对应的拓扑材料为第二类外尔半金属。

2.7.1 第一类外尔半金属

对于第一类外尔半金属，在动量空间各个方向上，外尔点附近半金属的能量色散关系是线性的，因此第一类外尔半金属可以被看作是一种具有拓扑费米弧的三维"石墨烯"。如图 2.23 所示，外尔半金属的三维体带可看作由沿着一对外尔点所在方向的二维"切片"堆积而成。这里不包括外尔点的每一个二维"切片"都是二维绝缘体，且可以根据二维切片的"陈数"，判断是否是"陈绝缘体"。简言之，当二维"切片"包含一个外尔点时，陈数为 1；当二维"切片"处于一对外尔点外部时，陈数为 0；当二维"切片"介于一对外尔点之间时，陈数为 1。值得注意的是，陈数为 0 的绝缘体为普通绝缘体，不考虑边界条件时其不会出现边缘态；陈数为 1 的绝缘体为陈绝缘体，当在一个方向上不考虑边界情况下，其边界处会有一条手征边缘态出现，这些手征边缘态和费米能级交点的集合构成材料表面的费米弧。如果沿着一对外尔点的方向不考虑边界的话，这一对具有相反手性的外尔点投影到表面的同一点，表面不会出现费米弧。费米弧连接着一对体能带外尔点在表面布里渊区上的投影，并且可由角分辨光电子能谱仪直接观测[57]。

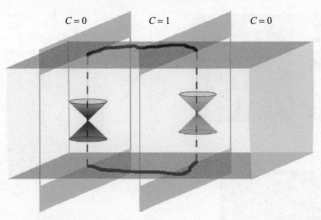

图 2.23　连接着体能带的一对外尔点在表面布里渊区上投影的费米弧[58]

　　然而，不同于具有二维狄拉克锥的石墨烯、三维狄拉克锥的自旋轨道材料或二维狄拉克锥表面态的 Bi_2Se_3 等，与外尔点相关的简并态只取决于晶格的平移对称性。如此，使得与电子带结构相关的独特性质更为稳定。此外，由于其非平凡的拓扑结构，外尔半金属可以表现出新的费米弧表面状态。外尔半金属表面上的外尔费米子和表面上的费米弧态都显示出不寻常的输运现象。外尔费米子在体态中会产生负磁阻、反常霍尔效应、非局域输运和局部电流的非守恒等效应。且表面的费米弧态可能在磁输运和量子干涉效应中表现出新的量子振荡。

　　到目前为止，第一类外尔半金属材料体系主要包括：烧绿石结构（pyrochlore structure）的 $Y_2Ir_2O_7$[59] 和尖晶石结构的 $HgCr_2Se_4$[60]，一些拓扑绝缘体在相变点附近打破时间反演或中心反演对称的固溶体[61]，压力下合成的 Se、Te 晶体[62]，$Bi_{0.97}Sb_{0.03}$[63]、$ZrTe_5$[64]、Na_3Bi[65] 和 Cd_3As_2[66]、$TaAs$[57] 及 TaP[67] 家族材料等。实验中对于外尔半金属的观测证明可以分为两类：一类是通过能带结构的观测，直接观测外尔半金属能带相应的狄拉克点、狄拉克锥及费米弧；另一类是通过电学输运观测负磁阻效应，为外尔半金属手性反常提供间接信息，进而证明其为外尔半金属。

　　在众多材料中，TaAs 属于最先被实验证实的第一类外尔半金属。如图 2.24 所示，晶体结构上，TaAs 晶格可以看作是将 Ta 子晶格塞到 As 子晶格内部，或将 As 子晶格塞到 Ta 子晶格内部而构成。TaAs 晶格结构没有明显的中心点，因此表现为空间反转对称性破缺。与此同时，实验中利用角分辨光电子能谱仪在 TaAs 单晶中观测到了与理论预言完全符合的清晰的体外尔锥和费米弧表面态。

　　外尔点手性反常的一个重要特征是出现负磁阻[68]，且随磁场和电场的角度变化而变化。当流过电流方向与磁场平行时负磁阻最强，且手征电导满足关系：$\sigma \propto B^2/\mu^2$（μ 为费米能级到外尔点的能量差）；此时负磁阻越强，说明费米能级越

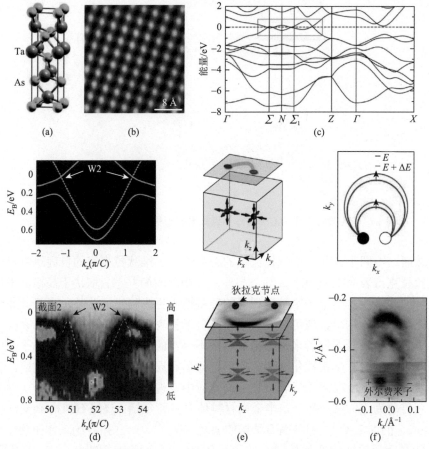

图 2.24 （a）TaAs 单晶的四方晶格构型示意图；（b）扫描隧道显微镜下四方晶格构型的晶体表面；（c）第一性原理计算得到的 TaAs 能带结构；（d）理论计算（上）及角分辨光电子能谱测得（下）的相应 TaAs 外尔锥；（e）、（f）理论计算（上）及角分辨光电子能谱测得（下）的相应 TaAs 费米弧表面态[57]

靠近外尔点。如图 2.25 所示，TaAs 外尔半金属的电学输运测量数据表明：TaAs 外尔半金属负磁阻电学输运完全满足手性反常要求。

2.7.2 第二类外尔半金属

第二类外尔半金属的发现推翻了对外尔半金属的外尔点处只能存在点状费米面的认识。如图 2.26 所示，相比于第一类外尔半金属，第二类外尔半金属的能带结构上主要表现为：半金属外尔点附近能带在某一个方向上发生了严重的倾斜，致使费米面由外尔点接触的电子型"口袋"和空穴型"口袋"构成，打破了洛伦兹对称不变性。值得注意的是，凝聚态体系不需要满足洛伦兹对称不变性，因此第二类外尔费米子只存在于凝聚态体系（第二类外尔半金属）中。

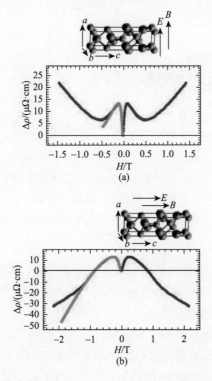

图 2.25　纵向磁阻对磁场强度的依赖。其中，（a）磁场方向垂直于样品；（b）磁场方向平行于样品[69]

　　虽然，与第一类外尔半金属相比，第二类外尔半金属具有相似的拓扑保护不闭合表面态（费米弧），但是，倾斜的能带结构使得第二类外尔半金属的输运行为却不相同。对于第二类外尔半金属，其具有以下几点特征：受拓扑保护的费米弧表面态可以不闭合于外尔点；具有依赖于外磁场的方向和能带倾斜方向的相对夹角的各向异性的朗道能级、手性反常及负磁阻；倾斜能带结构造成手性朗道能级局域色散方向和其手性不一致的"反手性"效应，以及各向异性的负磁阻效应等新奇量子现象。

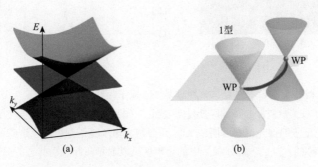

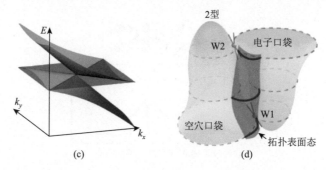

图 2.26   两类外尔半金属[70, 71]。（a）第一类外尔点具有点状的费米面；（b）费米能级附近第一类外尔费米子的分布，外尔点（WP）由黄色和绿色点标记；（c）第二类外尔点出现在电子和空穴口袋之间；（d）费米能级附近第二类外尔费米子的分布，电子和空穴口袋接触两种不同的能量

目前，实验室验证的第二类外尔半金属主要包括：利用角分辨光电子能谱仪观测到第二类外尔半金属费米弧的 $MoTe_2$[71-73]、WTe_2[74-77]、$Mo_xW_{1-x}Te_2$[78]等；提供负磁阻可能性证据的 WTe_2[79]。

如图 2.27（a）～（c）所示，T_d 相 $MoTe_2$ 为扭曲的 CdI_2 结构，属于非中心对称空间群 $Pmn2_1$。拉曼光谱表明低温相的 $MoTe_2$ 不具有中心反演对称性[80, 81]，这从对称性的角度支持了 T_d 相的 $MoTe_2$ 符合第二类外尔半金属；此外，作者进一步用角分

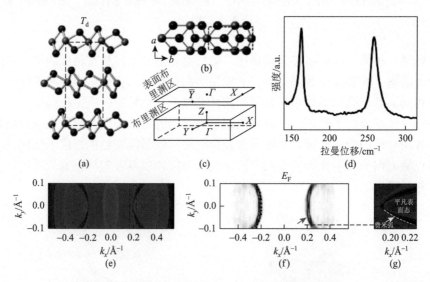

图 2.27   （a）T_d 相的 $MoTe_2$ 晶体结构，绿球是 Mo 原子，红球是 Te 原子；（b）T_d 相的 $MoTe_2$ 面内晶体结构；（c）$MoTe_2$ 布里渊区及投影表面；（d）T_d 相的 $MoTe_2$ 室温拉曼光谱；（e）计算出的角分辨光电子能谱光谱强度图；（f）角分辨光电子能谱强度图，这些图对于 k_y 和 k_x 是对称的；（g）放大（e）中的矩形区域以显示拓扑表面状态的弧[71]

辨光电子能谱观测到了 MoTe$_2$ 中存在严重倾斜的狄拉克锥和来自拓扑表面态的非闭合费米弧，进一步验证了 T_d 相的 MoTe$_2$ 作为第二类外尔半金属 [图 2.27（e）～（g）]。

电学输运上，第一类外尔半金属和第二类外尔半金属都具有负磁阻效应，但能带上的区别导致两者负磁阻效应表现出极大的不同。对于第一类外尔半金属，负磁阻表现为各向同性（在空间各个方向都能观测到负磁阻效应）；而对于第二类外尔半金属，负磁阻则表现为很强的各向异性，这种强各向异性使得负磁阻效应只能在特殊的方向被观测到，而其他方向上消失，表现出正磁阻效应。因此，实验上对各向异性负磁阻的观测可以作为关键证据来对第二类外尔半金属进行判断。例如，实验上通过电学输运手段首次在高质量的 WTe$_2$ 薄膜[79]上观测到第二类外尔半金属对应的各向异性负磁阻效应，证明了第二类外尔半金属态的存在。

如图 2.28（a）所示，WTe$_2$ 具有典型的层状晶体结构。实验发现[79]，WTe$_2$ 的负磁阻效应仅能出现在特定的厚度下（7～15 nm）。其原因在于，一方面，WTe$_2$ 块体自身具有很强的正纵向磁阻，因此容易掩盖掉手性反常引起的负磁阻效应；另一方面，WTe$_2$ 过薄会使其能带结构发生显著变化，可能导致外尔点消失（图 2.28）。通过构筑四端器件，作者成功在器件上观测到了随磁场 B 和电流 I 的夹角变化的负磁阻效应，并证明了手性反常引起负磁阻。具体而言，负磁阻效应在磁场平行

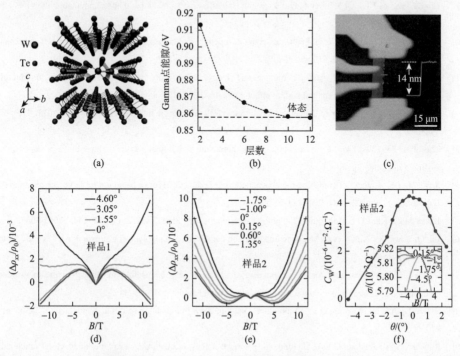

图 2.28　（a）WTe$_2$ 的晶格结构；（b）WTe$_2$ 带隙的层数依赖性；（c）基于 WTe$_2$ 薄膜构筑的电学器件结构图；（d）～（f）角度依赖的负磁阻现象[79]

于电流方向上最强；而稍微改变磁场和电流夹角时，负磁阻便很快消失。与此同时，在器件 a 轴上并未观测到负磁阻效应，有力地验证了 WTe$_2$ 中负磁阻的各向异性特征，说明了第二类外尔半金属的手性输运特点。

参 考 文 献

[1] Manoharan H C. Topological insulators: a romance with many dimensions. Nat Nanotechnol, 2010, 5(7): 477-479.

[2] König M, Wiedmann S, Brüne C, et al. Quantum spin Hall insulator state in HgTe quantum wells. Science, 2007, 318 (5851): 766-770.

[3] Yao Y, Ye F, Qi X L, et al. Spin-orbit gap of graphene: first-principles calculations. Phys Rev B, 2007, 75 (4): 041401.

[4] Bernevig B A, Hughes T L, Zhang S C. Quantum spin Hall effect and topological phase transition in HgTe quantum wells. Science, 2006, 314 (5806): 1757-1761.

[5] Wu S, Fatemi V, Gibson Q D, et al. Observation of the quantum spin Hall effect up to 100 Kelvin in a monolayer crystal. Science, 2018, 359 (6371): 76-79.

[6] Castro Neto A H, Guinea F, Peres N M R, et al. The electronic properties of graphene. Rev Mod Phys, 2009, 81 (1): 109-162.

[7] Kane C L, Mele E J. Quantum spin Hall effect in graphene. Phys Rev Lett, 2005, 95 (22): 226801.

[8] Hasan M Z, Kane C L. Topological insulators. Rev Mod Phys, 2010, 82 (4): 3045.

[9] Liu C, Hughes T L, Qi X L, et al. Quantum spin Hall effect in inverted type-II semiconductors. Phys Rev Lett, 2008, 100 (23): 236601.

[10] Liu Z, Liu C X, Wu Y S, et al. Stable nontrivial Z$_2$ topology in ultrathin Bi (111) films: a first-principles study. Phys Rev Lett, 2011, 107 (13): 136805.

[11] Zhang P, Liu Z, Duan W, et al. Topological and electronic transitions in a Sb (111) nanofilm: the interplay between quantum confinement and surface effect. Phys Rev B, 2012, 85 (20): 201410.

[12] Xu Y, Yan B, Zhang H J, et al. Large-gap quantum spin Hall insulators in tin films. Phys Rev Lett, 2013, 111 (13): 136804.

[13] Zhou J J, Feng W, Liu C C, et al. Large-gap quantum spin Hall insulator in single layer bismuth monobromide Bi$_4$Br$_4$. Nano Lett, 2014, 14 (8): 4767-4771.

[14] Weng H, Dai X, Fang Z. Transition-metal pentatelluride ZrTe$_5$ and HfTe$_5$: a paradigm for large-gap quantum spin Hall insulators. Phys Rev X, 2014, 4 (1): 011002.

[15] Hasan M Z, Kane C L. Colloquium: topological insulators. Rev Mod Phys, 2010, 82 (4): 3045-3067.

[16] Liu Q, Liu C X, Xu C, et al. Magnetic impurities on the surface of a topological insulator. Phys Rev Lett, 2009, 102 (15): 156603.

[17] Moore J E. Topological insulators: quantum magic can make strange but useful semiconductors that are insulators on the inside and conductors on the surface. https://spectrum.ieee.org[2011-06-21].

[18] Hsieh D, Qian D, Wray L, et al. A topological Dirac insulator in a quantum spin Hall phase. Nature, 2008, 452: 970.

[19] Roushan P, Seo J, Parker C V, et al. Topological surface states protected from backscattering by chiral spin texture. Nature, 2009, 460: 1106.

[20] Zhang H, Liu C X, Qi X L, et al. Topological insulators in Bi$_2$Se$_3$, Bi$_2$Te$_3$ and Sb$_2$Te$_3$ with a single Dirac cone on

the surface. Nat Phys，2009，5：438.

[21]　Xia Y，Qian D，Hsieh D，et al. Observation of a large-gap topological-insulator class with a single Dirac cone on the surface. Nat Phys，2009，5：398.

[22]　Hsieh D，Xia Y，Qian D，et al. A tunable topological insulator in the spin helical Dirac transport regime. Nature，2009，460：1101.

[23]　Chen Y L，Analytis J G，Chu J H，et al. Experimental realization of a three-dimensional topological insulator，Bi_2Te_3. Science，2009，325（5937）：178-181.

[24]　Wang Z F，Liu Z，Liu F. Organic topological insulators in organometallic lattices. Nat Commun，2013，4：1471.

[25]　Liu Z，Wang Z F，Mei J W，et al. Flat Chern band in a two-dimensional organometallic framework. Phys Rev Lett，2013，110（10）：106804.

[26]　Wang Z F，Liu Z，Liu F. Quantum anomalous Hall effect in 2D organic topological insulators. Phys Rev Lett，2013，110（19）：196801.

[27]　Su N，Jiang W，Wang Z，et al. Prediction of large gap flat Chern band in a two-dimensional metal-organic framework. Appl Phys Lett，2018，112（3）：033301.

[28]　Silveira O J，Lima É N，Chacham H. Bilayers of $Ni_3C_{12}S_{12}$ and $Pt_3C_{12}S_{12}$: graphene-like 2D topological insulators tunable by electric fields. J Phys Conden Matter，2017，29（46）：465502.

[29]　Zhang L Z，Wang Z F，Huang B，et al. Intrinsic two-dimensional organic topological insulators in metal-dicyanoanthracene lattices. Nano Lett，2016，16（3）：2072-2075.

[30]　Wang Z F，Su N，Liu F. Prediction of a two-dimensional organic topological insulator. Nano Lett，2013，13（6）：2842-2845.

[31]　Dzero M，Sun K，Galitski V，et al. Topological Kondo insulators. Phys Rev Lett，2010，104（10）：106408.

[32]　Dzero M，Xia J，Galitski V，et al. Topological Kondo insulators. Annu Rev Condens Matter Phys，2016，7（1）：249-280.

[33]　Neupane M，Alidoust N，Xu S Y，et al. Surface electronic structure of the topological Kondo-insulator candidate correlated electron system SmB_6. Nat Commun，2013，4：2991.

[34]　Sun Y，Zhong Z，Shirakawa T，et al. Rocksalt SnS and SnSe: native topological crystalline insulators. Phys Rev B，2013，88（23）：235122.

[35]　Fu L. Topological crystalline insulators. Phys Rev Lett，2011，106（10）：106802.

[36]　Wojek B M，Buczko R，Safaei S，et al. Spin-polarized（001）surface states of the topological crystalline insulator $Pb_{0.73}Sn_{0.27}Se$. Phys Rev B，2013，87（11）：115106.

[37]　Tanaka Y，Sato T，Nakayama K，et al. Tunability of the k-space location of the Dirac cones in the topological crystalline insulator $Pb_{1-x}Sn_xTe$. Phys Rev B，2013，87（15）：155105.

[38]　Xu S Y，Liu C，Alidoust N，et al. Observation of a topological crystalline insulator phase and topological phase transition in $Pb_{1-x}Sn_xTe$. Nat Commun，2012，3：1192.

[39]　Dziawa P，Kowalski B J，Dybko K，et al. Topological crystalline insulator states in $Pb_{1-x}Sn_xSe$. Nat Mater，2012，11：1023.

[40]　Polley C M，Dziawa P，Reszka A，et al. Observation of topological crystalline insulator surface states on（111）-oriented $Pb_{1-x}Sn_xSe$ films. Phys Rev B，2014，89（7）：075317.

[41]　Hsieh T H，Lin H，Liu J，et al. Topological crystalline insulators in the SnTe material class. Nat Commun，2012，3：982.

[42]　Tanaka Y，Shoman T，Nakayama K，et al. Two types of Dirac-cone surface states on the（111）surface of the

topological crystalline insulator SnTe. Phys Rev B，2013，88（23）：235126.

[43] Yan C，Liu J，Zang Y，et al. Experimental observation of Dirac-like surface states and topological phase transition in Pb$_{1-x}$Sn$_x$Te（111）films. Phys Rev Lett，2014，112（18）：186801.

[44] Neupane M，Xu S Y，Sankar R，et al. Topological phase diagram and saddle point singularity in a tunable topological crystalline insulator. Phys Rev B，2015，92（7）：075131.

[45] Fu L，Kane C L. Superconducting proximity effect and majorana fermions at the surface of a topological insulator. Phys Rev Lett，2008，100（9）：096407.

[46] Moore J E，Balents L. Topological invariants of time-reversal-invariant band structures. Phys Rev B，2007，75（12）：121306.

[47] Mackenzie A P，Maeno Y. The superconductivity of Sr$_2$RuO$_4$ and the physics of spin-triplet pairing. Rev Mod Phys，2003，75（2）：657-712.

[48] Fu L，Berg E. Odd-parity topological superconductors：theory and application to Cu$_x$Bi$_2$Se$_3$. Phys Rev Lett，2010，105（9）：097001.

[49] Sasaki S，Kriener M，Segawa K，et al. Topological superconductivity in Cu$_x$Bi$_2$Se$_3$. Phys Rev Lett，2011，107（21）：217001.

[50] Liu Z，Yao X，Shao J，et al. Superconductivity with topological surface state in Sr$_x$Bi$_2$Se$_3$. J Am Chem Soc，2015，137（33）：10512-10515.

[51] Yin J X，Wu Z，Wang J H，et al. Observation of a robust zero-energy bound state in iron-based superconductor Fe（Te，Se）. Nat Phys，2015，11（7）：543-546.

[52] Zhang H，Liu C X，Qi X L，et al. Topological insulators in Bi$_2$Se$_3$，Bi$_2$Te$_3$ and Sb$_2$Te$_3$ with a single Dirac cone on the surface. Nat Phys，2009，5（6）：438-442.

[53] Hor Y S，Williams A J，Checkelsky J G，et al. Superconductivity in Cu$_x$Bi$_2$Se$_3$ and its implications for pairing in the undoped topological insulator. Phys Rev Lett，2010，104（5）：057001.

[54] Wray L A，Xu S Y，Xia Y，et al. Observation of topological order in a superconducting doped topological insulator. Nat Phys，2010，6（11）：855-859.

[55] Bernevig B A. It's been a Weyl coming. Nat Phys，2015，11（9）：698-699.

[56] Huang S M，Xu S Y，Belopolski I，et al. A Weyl Fermion semimetal with surface Fermi arcs in the transition metal monopnictide TaAs class. Nat Commun，2015，6：7373.

[57] Xu S Y，Belopolski I，Alidoust N，et al. Discovery of a Weyl fermion semimetal and topological Fermi arcs. Science，2015，349（6248）：613-617.

[58] Hosur P，Qi X. Recent developments in transport phenomena in Weyl semimetals. C R Physique，2013，14（9-10）：857-870.

[59] Wan X，Turner A M，Vishwanath A，et al. Topological semimetal and Fermi-arc surface states in the electronic structure of pyrochlore iridates. Phys Rev B，2011，83（20）：205101.

[60] Xu G，Weng H，Wang Z，et al. Chern semimetal and the quantized anomalous Hall effect in HgCr$_2$Se$_4$. Phys Rev Lett，2011，107（18）：186806.

[61] Burkov A A，Balents L. Weyl semimetal in a topological insulator multilayer. Phys Rev Lett，2011，107（12）：127205.

[62] Hirayama M，Okugawa R，Ishibashi S，et al. Weyl node and spin texture in trigonal tellurium and selenium. Phys Rev Lett，2015，114（20）：206401.

[63] Kim H J，Kim K S，Wang J F，et al. Dirac versus Weyl fermions in topological insulators：Adler-Bell-Jackiw

anomaly in transport phenomena. Phys Rev Lett, 2013, 111 (24): 246603.

[64] Li Q, Kharzeev D E, Zhang C, et al. Chiral magnetic effect in ZrTe$_5$. Nat Phys, 2016, 12: 550.

[65] Liu Z K, Zhou B, Zhang Y, et al. Discovery of a three-dimensional topological Dirac semimetal, Na$_3$Bi. Science, 2014, 343 (6173): 864-867.

[66] Liu Z K, Jiang J, Zhou B, et al. A stable three-dimensional topological Dirac semimetal Cd$_3$As$_2$. Nat Mater, 2014, 13: 677.

[67] Xu S Y, Belopolski I, Sanchez D S, et al. Experimental discovery of a topological Weyl semimetal state in TaP. Sci Adv, 2015, 1 (10): e1501092.

[68] Son D T, Spivak B Z. Chiral anomaly and classical negative magnetoresistance of Weyl metals. Phys Rev B, 2013, 88 (10): 104412.

[69] Zhang C L, Xu S Y, Belopolski I, et al. Signatures of the Adler-Bell-Jackiw chiral anomaly in a Weyl fermion semimetal. Nat Commun, 2016, 7: 10735.

[70] Soluyanov A A, Gresch D, Wang Z, et al. Type-II Weyl semimetals. Nature, 2015, 527: 495.

[71] Deng K, Wan G, Deng P, et al. Experimental observation of topological Fermi arcs in type-II Weyl semimetal MoTe$_2$. Nat Phys, 2016, 12: 1105.

[72] Tamai A, Wu Q S, Cucchi I, et al. Fermi arcs and their topological character in the candidate type-II Weyl semimetal MoTe$_2$. Phys Rev X, 2016, 6 (3): 031021.

[73] Huang L, McCormick T M, Ochi M, et al. Spectroscopic evidence for a type-II Weyl semimetallic state in MoTe$_2$. Nat Mater, 2016, 15: 1155.

[74] Bruno F Y, Tamai A, Wu Q S, et al. Observation of large topologically trivial Fermi arcs in the candidate type-II Weyl semimetal WTe$_2$. Phys Rev B, 2016, 94 (12): 121112.

[75] Wu Y, Mou D, Jo N H, et al. Observation of Fermi arcs in the type-II Weyl semimetal candidate WTe$_2$. Phys Rev B, 2016, 94 (12): 121113.

[76] Wang C, Zhang Y, Huang J, et al. Observation of Fermi arc and its connection with bulk states in the candidate type-II Weyl semimetal WTe$_2$. Phys Rev B, 2016, 94 (24): 241119.

[77] Sánchez-Barriga J, Vergniory M G, Evtushinsky D, et al. Surface Fermi arc connectivity in the type-II Weyl semimetal candidate WTe$_2$. Phys Rev B, 2016, 94 (16): 161401.

[78] Belopolski I, Sanchez D S, Ishida Y, et al. Discovery of a new type of topological Weyl fermion semimetal state in Mo$_x$W$_{1-x}$Te$_2$. Nat Commun, 2016, 7: 13643.

[79] Wang Y, Liu E, Liu H, et al. Gate-tunable negative longitudinal magnetoresistance in the predicted type-II Weyl semimetal WTe$_2$. Nat Commun, 2016, 7: 13142.

[80] Zhang K, Bao C, Gu Q, et al. Raman signatures of inversion symmetry breaking and structural phase transition in type-II Weyl semimetal MoTe$_2$. Nat Commun, 2016, 7: 13552.

[81] Keum D H, Cho S, Kim J H, et al. Bandgap opening in few-layered monoclinic MoTe$_2$. Nat Phys, 2015, 11 (6): 482-486.

第3章

拓扑绝缘体的制备方法

　　高品质拓扑绝缘体材料的可控制备是研究其新奇物理化学性质的前提和基础。经过众多科学工作者的努力，拓扑绝缘体的制备方法得到了极大的发展。其中，拓扑绝缘体块体单晶一般通过自助熔剂法和布里奇曼（Bridgman）法等方法合成。用这些方法合成出的单晶质量高、缺陷少，可用于拓扑绝缘体材料的基本物性探究。通过在单晶块材烧结过程中引入杂原子，也可以实现对拓扑绝缘体的掺杂、合金化和插层，进而实现对拓扑绝缘体电子能带结构、费米能级等性质的精细调控。与体相拓扑绝缘体相比，拓扑绝缘体低维纳米结构的比表面积远远高于体相材料，可以凸显表面态的贡献。因此，拓扑绝缘体的低维纳米结构合成方法的发展受到学界的极大关注。许多拓扑绝缘体材料如 Bi_2Se_3、Bi_2Te_3 等，具有典型的层状晶体结构，其层内为强化学键合，层间为弱的范德瓦耳斯相互作用。这使得我们能够利用机械剥离、化学剥离等合成方法使厚层的拓扑绝缘体晶体减薄，得到低维拓扑绝缘体纳米结构。此外，也可以从原子和分子等基本单元出发，使用溶液合成、化学气相沉积、分子束外延和范德瓦耳斯外延等方法，合成高质量的拓扑绝缘体低维纳米结构。

3.1　拓扑绝缘体单晶块材的生长

　　本节将首先介绍拓扑绝缘体单晶块材生长方法（自助熔剂法和布里奇曼法），随后介绍基于单晶块材的拓扑绝缘体的能带工程，主要包括：①补偿掺杂、合金化等方法，调控拓扑绝缘体的费米能级的位置和载流子浓度，甚至实现 n 型与 p型之间的相互转变；②将杂原子插层到层间，形成插层复合物，显著改变其物理化学性质。

3.1.1　拓扑绝缘体单晶块材生长方法

1. 自助熔剂法生长单晶

　　助熔剂法是将原料在高温下熔于助熔剂中进行晶体生长的一种方法。在助熔剂熔体中生长单晶和在水溶液中生长单晶的过程是相通的：将制备单晶的原材料熔于低熔点的助熔剂中，使体系在熔点以上停留一段时间以使体系中的各组分混合均匀。随后缓慢降温或是在恒定温度下蒸发助熔剂，使得熔融液处于过饱和状态，目标材料即可从熔融液析出。

可以将常用的助熔剂分为两类：一类为金属，半导体和超导体单晶的生长常用金属作为助熔剂。以铁基超导体晶体为例，Sn 可作为助熔剂用于超导体晶体的生长。Sn 的熔点仅为 231℃，以 Sn 为助熔剂能显著降低混合物的熔点。但该方法也有一定弊病：当晶体生长结束后，Sn 与晶体混杂在一起，难以将晶体与助熔剂完全分离。另一类助熔剂为卤化物（如 KCl、NaCl 和 LiF 等），主要用于离子材料和氧化物的生长。卤化物也曾被用作生长超导晶体的助熔剂，其缺点在于溶解溶质的能力较差，但也有明显的优点——能溶于水和乙醇等常见溶剂，易与产物单晶分离。当然，助熔剂中存在的 Cl、F 等元素，可能会在反应过程中对晶体造成元素掺杂，从而影响晶体性能。

上述外源性助熔剂各有特色，但均可能对制得的晶体造成一定污染。为了解决这个问题，人们提出了使用自助熔剂的想法。自助熔剂是一种非常友好的助熔剂，它本身就是合成原料，可选择反应物中的一种或几种作为助熔剂，这样不但不会引入污染源，而且能加速反应过程，如图 3.1 所示。

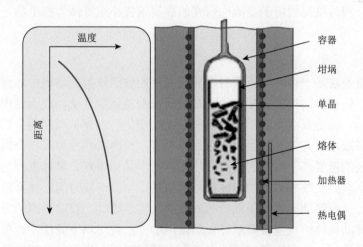

图 3.1 自助熔剂法生长块材晶体示意图

自助熔剂法在拓扑绝缘体体相单晶的生长制备中被大量采用。如 Bi_2Te_3 单晶的生长中，可使用 Te 作自助熔剂。2009 年，斯坦福大学的科学家们用 Te 自助熔剂法制备了纯 Bi_2Te_3 以及 Sn 掺杂 Bi_2Te_3 单晶[1]。将摩尔比为 $(1-\delta):\delta:4$ 的 Bi、Sn 和 Te 混合均匀后装入氧化铝坩埚，随后在真空条件下将石英安瓿瓶封口，于

700℃加热 2 h，随后在 90 h 内降温至 475℃（此温度高于 Te 的熔点），在此温度下用离心的方法将多余的助熔剂除去，降至室温即得单晶。如图 3.2 所示，他们通过霍尔测试得到载流子浓度随 Sn 掺杂量的变化关系，发现逐渐提高 Sn 的掺杂量可将拓扑绝缘体 Bi_2Te_3 晶体中载流子类型由 n 型调节到 p 型。

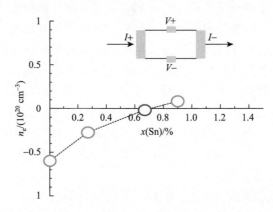

图 3.2　Sn 掺杂 Bi_2Te_3 单晶载流子浓度随 Sn 掺杂量的变化[1]

　　自助熔剂法是一种生长晶体的较简便的方法。虽然这种方法不能够制备工业级大单晶，但足以得到用于基础性研究的高质量拓扑绝缘体体相单晶。

2. 布里奇曼法生长单晶

　　布里奇曼法是一种将反应原料密封在真空的安瓿瓶中或坩埚中，置于加热装置中熔融，随后让熔体在安瓿瓶中冷却凝固得到晶体的方法。凝固过程由安瓿瓶的一端开始，随着安瓿瓶的移动和周围温度的变化，逐渐扩展到整个熔体。加热装置在垂直或水平方向上按照温区分为加热区、梯度区和冷却区 3 个区域，一般设定加热区的温度高于晶体的熔点，冷却区低于晶体熔点。具体流程为：首先将装有反应原料的安瓿瓶置于加热区，熔化原料，恒温一段时间，使不同原料之间混合均匀。然后移动安瓿瓶使混合物固液界面逐步移动。移动界面的方式有移动安瓿瓶、移动加热炉或直接降温等。最常用的方法是坩埚下降法，即使装有熔体的坩埚缓慢通过一个温度梯度区，自下而上缓慢凝固。为获得理想的单晶，可使用尖底坩埚，也可以在坩埚底部放置籽晶。图 3.3 为坩埚下降法示意图，其中 T_s 为物质的凝固温度。

　　待温度降低到稍高于熔化温度时，下降坩埚，使坩埚的尖端先进入低温区，此时晶体于尖端处开始生长。随着坩埚的逐渐下降，晶体逐渐长大。坩埚下降法操作简便，可生长很大尺寸的晶体，生长的晶体品种也很多，如图 3.4 所示[2, 3]。

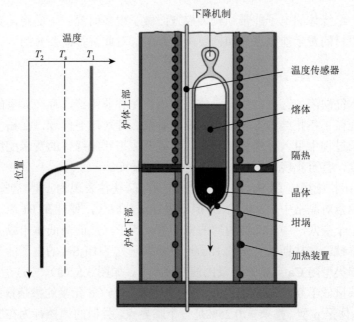

图 3.3　坩埚下降法示意图

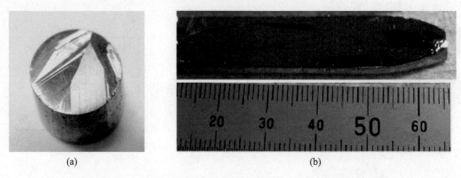

(a)　　　　　　　　　　　　　　(b)

图 3.4　（a）掺杂了 Ca 的 Bi_2Se_3 晶体[2]；（b）Bi_2Se_3 晶体[3]

现如今，研究者们普遍采用改良的布里奇曼方法（modified Bridgman method）制备高质量的拓扑绝缘体，如 Bi_2Te_3、Bi_2Se_3、Sb_2Te_3 等。这种方法有一个显著的优点：对装备的包容度大，可用简单的加热装置生长高质量单晶，即使加热设备不具有温度梯度，也可以通过缓慢的降温过程获得较大尺寸的单晶体，足以满足科学研究的各种物性表征的需求。

3.1.2　拓扑绝缘体单晶块材的能带工程

通过自助熔剂法和布里奇曼法，大量拓扑绝缘体单晶块材被合成，这些晶体为研究拓扑绝缘体的基本物理性质提供了良好的平台。基于高质量的单晶块材，人们在拓扑绝缘体的电子能带结构调控方面做了很多研究。下面将简要从拓扑绝缘体单晶块材的费米能级调控和插层两个方面，对此进行简要介绍。

1. 拓扑绝缘体单晶块材费米能级调控

由于本征缺陷的存在，所得晶体的体相往往并非绝缘，存在大量的剩余载流子，进而掩盖了拓扑绝缘体表面态的电导贡献。针对这一问题，在拓扑绝缘体块材晶体生长过程中引入补偿掺杂元素，有望调控拓扑绝缘体的费米能级的位置和载流子浓度，甚至实现 n 型和 p 型之间的相互转变。

例如，拓扑绝缘体 Bi_2Se_3 由于 Se 空位的存在，往往表现为 n 型。选择 + 1 或 + 2 价的金属元素对晶格中 + 3 价的 Bi 原子进行部分取代，便能在 Bi 原子的位置留下两个或一个空穴，中和晶体内部的电子型载流子，从而降低体相载流子在电学输运中的贡献。普林斯顿大学的 Hasan 课题组研究了 Bi_2Se_3 的电子能带结构、载流子浓度和类型随 Ca 元素掺杂量的演变情况[4]。如图 3.5（a）、（b）所示，当 Ca 元素的掺杂量低于 0.25% 时，Bi_2Se_3 晶体为 n 型。当 Ca 元素的掺杂量高于 0.25% 时，所得晶体呈 p 型。掺杂量 0.25% 是一个临界点。类似的调控行为在 Na[5]、K[6]、Sr[7, 8]等主族金属元素以及 Nd[9]、Cd[10]等非磁性过渡金属元素掺杂的拓扑绝缘体材料体系中都可以观察到。

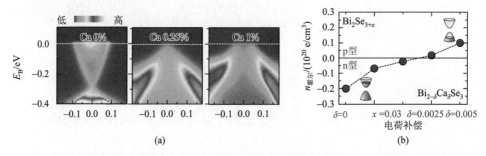

图 3.5 （a）Ca 元素掺杂量增大时 Bi_2Se_3 的 ARPES 能级演变图[4]；（b）载流子浓度和掺杂类型随掺入 Ca 量的变化图[4]

除上述补偿掺杂外，将不同掺杂类型的拓扑绝缘体进行合金化，组成一种新的多元拓扑绝缘体，也可显著调控拓扑绝缘体的电导行为。例如，在 Sb_2Te_3 中，由于存在 Sb_{Te} 反位缺陷，通常倾向于 p 型掺杂。而对于 Bi_2Te_3，其掺杂类型取决于 Te 空位（n 掺杂）与 Bi/Te 的反位缺陷（p 掺杂）何种类型占主导，大多数条件下表现为 n 型掺杂。将 p 型的 Sb_2Te_3 与 n 型的 Bi_2Te_3 按一定比例混合，可得到类似于补偿掺杂的三元拓扑绝缘体$(Bi_xSb_{1-x})_2Te_3$。通过调控 Bi 与 Sb 的比例，可调控所得晶体的费米能级。如图 3.6 所示，斯坦福大学的崔屹课题组研究了不同 Bi 与 Sb 比例的三元拓扑绝缘体$(Bi_xSb_{1-x})_2Te_3$ 的电子能级结构和电学输运行为[11]。

当 x 从 1 逐渐变为 0 时，$(Bi_xSb_{1-x})_2Te_3$ 三元化合物的费米能级从价带逐渐上移。而当 $x = 0.50$ 时，$(Bi_{0.50}Sb_{0.50})_2Te_3$ 的费米能级位于带隙中，此时载流子浓度最低。相对 Bi_2Te_3 和 Sb_2Te_3 而言，载流子浓度下降了两个数量级。也就是说，该合金化的方式可实现拓扑绝缘体由 n 型到体相绝缘，再到 p 型的连续调控。除三元体系外，四元体系，如 $Bi_{2-x}Sb_xTe_{3-y}Se_y$ 也被广泛研究。通过对 x、y 的调节，$Bi_{2-x}Sb_xTe_{3-y}Se_y$ 的狄拉克锥被移动到体相的能带中，该材料同时具有高的电阻率。高的电阻率保证了体相导电性的下降，使得其无耗散、自旋锁定的表面态行为不会被体相载流子所掩盖[12]。

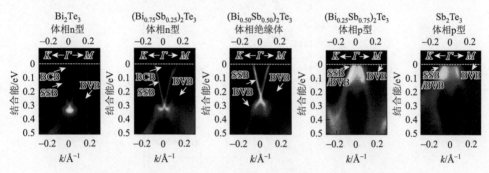

图 3.6　$(Bi_xSb_{1-x})_2Te_3$ 中 x 由 1 逐渐变为 0 时对应的 ARPES 能级演变图[11]

2. 拓扑绝缘体单晶块材的插层

如果掺杂元素并非在母体化合物骨架结构进行原子取代，而是插入到其层间，形成复合物，也可显著改变其物理化学性质。大量的拓扑绝缘体材料具有层状晶体结构，层与层之间存在范德瓦耳斯间隙。插层原子原则上可以与主体材料形成插层复合物。以 Cu-Bi_2Se_3 体系为例，Cu 原子插入 Bi_2Se_3 中有两种形式：一种是进入 Bi_2Se_3 相邻的五倍层之间；另一种是进入主体晶格，取代骨架中的 Bi 原子。这两种情况下，Cu 原子起到的作用是不同的，所得材料性能迥异。对于第一种情况，Cu 原子作为 n 型的电子供体，形成的插层复合物化学式写为 $Cu_xBi_2Se_3$，为拓扑超导体，掺入量可以在较大的范围内调控；对于第二种情况，Cu 原子进入 Bi_2Se_3 晶体的骨架，每个 Cu 原子的 4s 电子取代三个 Bi 原子的 6p 电子形成 σ 键，提供两个空穴，取代化合物的化学式可写为 $Cu_xBi_{2-x}Se_3$，此时的情况即前文提到的补偿掺杂。

实现 Cu 原子的插层通常有两种方法，一种是将满足化学计量比的元素单质与一定掺杂量的 Cu 混合均匀，通过改良的布里奇曼法得到插层化合物[13]。另一种是先合成相应的拓扑绝缘体块材单晶，然后通过电化学的方法进行 Cu 的插层[14]。

如图 3.7 所示，普林斯顿大学的 Cava 等探究了具有不同 Cu 插层含量的 $Cu_xBi_2Se_3$ 的性能[15]。插层复合物的电学输运测量如图 3.7 所示，其超导转化温度

（T_c）约为 3.8 K。其超导性能只有在 Cu 的插层含量处于 $0.1 \leqslant x \leqslant 0.3$ 区间时存在，其中最优 Cu 组分在 $0.12 \leqslant x \leqslant 0.15$ 之间。进一步电学测量表明 $Cu_{0.12}Bi_2Se_3$ 为 n 型，载流子浓度高达 2×10^{20} cm^{-3}，且其在 $4K \leqslant T \leqslant 300K$ 的区间内不随温度变化。这一载流子浓度比没有 Cu 插层的 Bi_2Se_3 块体高一个数量级，比 Ca 掺杂的 Bi_2Se_3 样品高两个数量级。

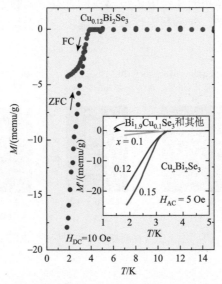

图 3.7　$Cu_{0.12}Bi_2Se_3$ 的磁化强度随温度的变化曲线，其超导转变温度为 3.8 K，插图为不同 Cu 含量下的磁化强度随温度的变化曲线，当 $x<0.1$ 或 $x>0.3$，以及在 $Bi_{2-x}Cu_xSe_3$、Cu_2Se、$CuBi_3Se_5$、$BiCuSe_2$ 和 $BiCu_3Se_3$ 中均没有产生超导现象（FC: field cooled，加场冷却；ZFC: zero field cooled，零场冷却。Oe，奥斯特，磁场强度单位，1 Oe = 79.5775 A/m）[15]

3.2 ▶▶ 拓扑绝缘体低维纳米结构的制备

　　本节主要关注拓扑绝缘体低维纳米结构的制备，总结了各种制备方法的优缺点和所应用的调控手段。拓扑绝缘体低维纳米结构的制备方法主要分为剥离法、溶液法、化学气相沉积、分子束外延和范德瓦耳斯外延等。剥离法可分为机械剥离法和液相剥离法。机械剥离法解理得到的二维纳米片，晶体质量较高，缺陷少，有利于研究其本征性质，但不利于大量制备；液相剥离法适合宏量制备，但是获得的纳米片尺寸小，层数难控制，溶剂对材料的各项性能的影响也不容忽视。溶液法可分为水热法、溶剂热法。水热法和溶剂热法反应设备简单、反应温度低、产品结晶性好、易调控。但水热法中水的掺杂作用对材料的物性影响较大，溶剂热法可改善这一点。化学气相沉积方法的优势在于可得到形貌、面积和厚度均可调节的高质量纳米结构，制备成本相对较低。但其劣势在于要实现样品大小和厚度的精确调控并不容易，在异质结特别是超晶格的制备中存在一定的困难。分子束外延方法的最大特点是对薄膜厚度的精确调控能到原子层水平，但生长速度慢，制备成本高。范德瓦耳斯外延过程中，基底与外延层之间不成键，降低基底与外延层晶格失配的影响，特别适用于与基底晶格失配度大的层状材料的生长。

3.2.1　剥离法制备拓扑绝缘体纳米片

层状材料的结构特点是层内为强的共价键结合，层间为弱的相互作用。剥离法正是利用这一特点，通过施加外力破坏层间的范德瓦耳斯作用力，从三维层状的体相材料中解理出二维薄层材料。同时，依据外力来源的不同，可以将其划分为机械剥离法和液相剥离法。

1. 机械剥离法

机械剥离可以通过胶带剥离或者原子力显微镜（atomic force microscopy，AFM）针尖技术来实现。

胶带剥离法的操作方法如图 3.8 所示[16]：首先用胶带取少量层状材料，然后将胶带贴合—撕开，如此反复，不断减薄层状材料。随后将带有层状材料的胶带贴合到目标基底上，当层状材料与基底的范德瓦耳斯作用力大于或等于层状材料自身层与层之间的作用力时，底层的层状材料就有一定概率与上层材料脱离，从而留在目标基底上。由此即可获得新鲜解理的二维材料表面。

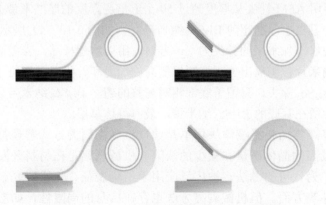

图 3.8　Scotch 胶带辅助的机械剥离示意图[16]

2010 年，美国加利福尼亚大学的 A. A. Balandin 教授研究组使用胶带辅助的机械剥离方法成功地从 Bi_2Te_3 单晶块体上剥离出只有几个原子层厚度的 Bi_2Te_3 纳米片，将其堆垛成薄膜，并对其热电性质进行了研究。他们发现剥离使得 Bi_2Te_3

平面内和垂直于平面方向的热导率均下降，从而提高了 ZT 值[17, 18]。随后，他们采用机械剥离法相继制备出较薄的 Bi_2Se_3、Sb_2Te_3 纳米片，如图 3.9 所示。对其进行微区拉曼光谱研究发现，由于二维纳米结构相对于体相材料存在对称性破缺，额外产生了 A_{1u} 拉曼峰[19]。此外，Fuhrer 等[20]通过机械剥离法得到三层的 Bi_2Se_3 纳米片，制得的场效应晶体管呈 n 型，且具有明显的电流开关比。

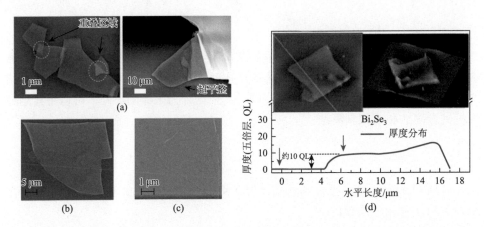

图 3.9　（a）～（c）分别对应采用胶带辅助机械剥离法得到的只有几个原子层厚度的 Bi_2Te_3、Sb_2Te_3 和 Bi_2Se_3 纳米片[19, 21]；（d）少层 Bi_2Se_3 的 AFM 图像[19]

基于原子力显微技术的针尖操控能力的机械剥离方法是另一种重要的机械剥离手段。2010 年，斯坦福大学的崔屹教授课题组利用气-液-固方法合成了 Bi_2Se_3 纳米带，然后用 AFM 针尖从厚度超过 50 个五倍层厚度的厚纳米带上，剥离出了厚度仅有几个五倍层厚的超薄 Bi_2Se_3 纳米带[22]。如图 3.10（a）所示，AFM 针尖对纳米带的边缘施加水平的针尖力（y 方向）用以解理样品，当侧面水平力足够大，顶部的纳米片被剥离出去，控制好侧面施加力和针尖的垂直位置，可以把顶部大部分的 Bi_2Se_3 除去，只留下底部相对完整的超平 Bi_2Se_3 纳米带。图 3.10（b）展示了剥离后留在基底的 Bi_2Se_3 纳米带，最薄可达单层。

总体而言，将拓扑绝缘体块体单晶通过机械剥离的方式解理得到的二维纳米片，具有较高的晶体质量和较少的缺陷。机械剥离是在材料开发阶段，研究其本征性质广为认可的方法，被广泛应用于结构表征、光谱研究、电子学研究以及光电器件等方面。但机械剥离方法也存在自身的局限性，如层数不可控、面积较小、制备效率低等。利用机械剥离得到单层或者少层样品属于概率性事件，得到晶体的面积也是随机的，面积大约在几至几十微米，难以大规模制备。此外，对于层间范德瓦耳斯作用力较强的材料，如 Bi_2Te_3 等，很难通过机械剥离法获得单层结构。

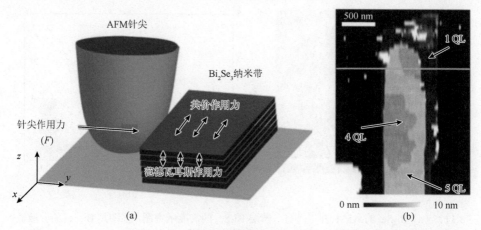

图 3.10　（a）AFM 剥离 Bi_2Se_3 纳米带机理图；（b）剥离出的具有三种厚度的 Bi_2Se_3
纳米带，QL 表示五倍层[22]

2. 液相剥离法

液相剥离法是另一种典型的制备拓扑绝缘体纳米结构的剥离方法。根据剥离驱动力的不同可以分为超声波分散法和离子插层法。

作为化学剥离法中最为广泛使用的方法，超声波分散法剥离的原理是利用超声波在液体中产生空腔，进而诱导气泡的生成。层状晶体材料的层间气泡破裂会产生震波，在晶体中产生拉伸应力并使之发生解理。适当的调控超声波的时间、超声波的能量、温度及溶剂体系，可以调控剥离效率。超声波分散法剥离二维纳米层状材料的关键是溶剂的选择，不同晶体材料有不同的表面能，因此要选取与晶体表面能相匹配的溶剂系统。爱尔兰都柏林圣三一学院的 Coleman 等[23]率先于 2008 年利用超声波分散法，以极性 *N*-甲基-2-吡咯烷酮（*N*-methyl pyrrolidone，NMP）溶剂将石墨烯从石墨块材中剥离出来，得到浓度为 0.01 mg/mL 的石墨烯悬浮液。但过低的浓度限制了其进一步的应用。非极性的邻二氯苯（ODCB）被证明是一种有效制造石墨烯悬浮液的溶剂[24]，但它们存在毒性及沸点相对较高的问题。Coleman 等进一步发现，以异丙醇和氯仿为溶剂可以得到浓度较高的石墨烯悬浮液[25]。其他的低沸点溶剂，如丙酮和乙腈[26]，也可用于石墨剥离。超声波分散法也被用于拓扑绝缘体二维材料的构筑。厦门大学的罗正钱等[27]以 Bi_2O_3、Se 为原料，用水热法合成了 Bi_2Se_3 粉体，以 NMP 为溶剂超声 24 h，得到了少层的拓扑绝缘体 Bi_2Se_3 悬浊液。如图 3.11 所示，AFM 表征 Bi_2Se_3 片层厚度约为 3 nm，畴区尺寸 3～4 μm。

离子插层法是另一种重要的液相剥离方法。该方法是将离子型插层剂插层到以弱范德瓦耳斯力结合的层状材料的层与层之间，形成离子复合物。由于插层剂的插入，晶体膨胀，层间的作用力被减弱，此时辅以外力（如超声波、热力和剪切力）作用，可进一步扩大层间距，使层与层之间分离，从而达到剥离的目的。

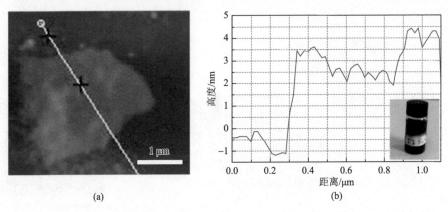

(a)　　　　　　　　　　　　　　　(b)

图 3.11 （a）Bi$_2$Se$_3$ 的 AFM 图[27]；（b）薄层 Bi$_2$Se$_3$ 的高度示意图，插图是 Bi$_2$Se$_3$ 的分散液[27]

最常用的插层剂是丁基锂，因为锂离子半径较小，容易插到层与层之间。但有机锂试剂在空气中容易自燃，存在安全隐患。中国科学技术大学的谢毅等[28]利用水热法插入锂离子剥离了 Bi$_2$Se$_3$。他们将 Bi$_2$Se$_3$ 和 Li$_2$CO$_3$ 固体加入苯酚溶液中，220℃水热反应 48 h，获得了 Li 插层的 Bi$_2$Se$_3$，然后将其离心、洗涤、干燥，将所得固体分散在水和 DMF 1：1 混合溶液中，离心留下上清液，再用盐酸洗去过量的 Li$_2$CO$_3$，得到了分散的 Bi$_2$Se$_3$ 纳米片。如图 3.12 所示，SEM 表征为自支撑的 Bi$_2$Se$_3$ 纳米片，单片畴区大小为 200～300 nm。

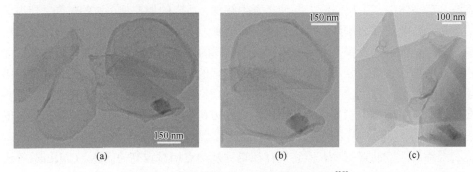

(a)　　　　　　　　　　　(b)　　　　　　　　　　　(c)

图 3.12 自支撑的 Bi$_2$Se$_3$ 单层的 SEM 图[28]

总而言之，液相剥离法适合宏量制备和放量生长。但是该方法需要大量使用溶剂，在此过程中，有机分子可能会吸附在材料表面，从而对材料性质产生不好的作用。此外，液相剥离法制备的样品尺寸通常较小，且难以控制层数。这些弊病无疑会限制液相剥离拓扑绝缘体材料的应用前景，特别是在对样品晶体质量要求很高的领域。

3.2.2　溶液法合成拓扑绝缘体纳米结构

溶液法合成纳米结构是指将反应物溶解于溶剂中，在一定条件下发生反应得到纳米结构的方法。一般包括水热法、溶剂热法、自组装法等。它是一种自下而上的合成纳米材料的策略,也可用来合成拓扑绝缘体纳米结构。与气相合成方法相比,溶液法设备简单、所需的反应温度低(<300℃)、易实现掺杂、产量高。此外,溶液合成的拓扑绝缘体纳米结构还具有结晶性很好、形貌易控制的优点。然而,由于溶液中水的存在,拓扑绝缘体表面会被氧化,电子迁移率下降,不适用于电子器件,溶剂热合成或对其表面进行钝化可以在一定程度上改善这一缺陷[29]。

1. 水热合成

水热合成是指在温度为 100~1000℃、压力为 1 MPa~1 GPa 条件下,利用水溶液中物质化学反应所进行的合成。水热合成一般在特制的密闭反应容器(高压釜)中进行,在反应温度高于水的沸点时,釜内形成一个高压的反应环境,可以使常温常压下难溶或不溶的物质溶解并且重结晶,得到结晶性更好的材料。通过调节反应温度、反应时间、前驱体种类可以调节材料的形貌、尺寸和结晶性等。

水热合成易于实现纳米结构形貌的控制。佛雷堡大学的 K. Kaspar 等[30]用 Na_2Te 溶液和铋盐在沸腾的乙二醇中反应得到了 Bi_2Te_3 纳米颗粒。调节反应时间和温度,可以控制产物的尺寸。如图 3.13 所示,SEM 表征其尺寸为 20~400 nm 的纳米片。反应时间越长,得到的产品杂质越少;反应温度越低,得到的 Bi_2Te_3 粒径越小。此外还发现,Bi_2Te_3 的形貌与前驱体无关。江苏大学施伟东等[31]以 $SbCl_3$、K_2TeO_3 为原料,以水合肼为还原剂,用水热法在较短的反应时间(5 h)内合成了纯相 Sb_2Te_3 纳米片,并且没有使用有机添加剂或模板。如图 3.13(b)所示,纳米片约 78.5 nm 厚,畴区尺寸约 2 μm。水热法便于控制产品的形貌。此外,他们[32]还在阴离子型表面活性剂二(2-乙基)己基磺化琥珀酸钠(AOT)的辅助下,以 $SbCl_3$、Te 为原料,以 $NaBH_4$ 为还原剂,水热合成了单晶 Sb_2Te_3 纳米带,如图 3.13(c)所示,纳米带长约 100 μm,宽 1~3 μm,厚度约为 100 nm。在该方法中,AOT 的作用是控制 Sb_2Te_3 的形貌。水热合成可通过调节反应物和反应条件得到不同形貌和尺寸的 Bi_2Te_3、Sb_2Te_3 等纳米材料,有望应用于合成拓扑绝缘体纳米结构。

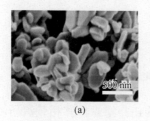

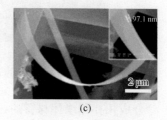

(a)　　　　　　　　　(b)　　　　　　　　　(c)

图 3.13　(a)Bi_2Te_3 纳米粒子[30];(b)Sb_2Te_3 纳米片[31];(c)Sb_2Te_3 纳米带[32]

然而,水热法中水是一种氧化剂,在高温高压下水的氧化性较强,可能使拓扑绝缘体的表面发生氧化，导致表面的无序化，降低表面电子的迁移率，这一点成为拓扑绝缘体在量子器件中应用的瓶颈[33]。因此，可以考虑选用其他溶剂合成拓扑绝缘体，实现拓扑绝缘体表面的钝化保护，增加表面态电子的迁移率。

2. 溶剂热合成

溶剂热合成是在水热合成的基础上发展起来的，同样是在密闭反应容器中，使用的介质是其他有机溶剂而不是水，适用于合成对水敏感的材料。与水热法相似，溶剂热法也可以通过对反应温度、反应浓度、填充度及前驱体种类、溶剂种类等条件的调节，控制拓扑绝缘体纳米结构的形貌、尺寸、结晶性等，同时可以通过在溶液体系中添加可溶性杂质实现对拓扑绝缘体的掺杂。

溶剂热法是合成拓扑绝缘体纳米结构更常用的方法。拓扑绝缘体纳米结构的气相合成很难实现低蒸气压元素的掺杂，相比之下，溶剂热法更容易实现掺杂，从而可以控制拓扑绝缘体的表面态和体载流子浓度。浙江大学的王勇等[34]用溶剂热法合成了 Na 掺杂的 Bi_2Te_3 纳米片，说明了可以通过施加栅压，调控拓扑绝缘体表面态。通过在较低温度（230～250℃）下混合聚乙烯吡咯烷酮（PVP）、Bi_2O_3、Te 粉末和 NaOH、$NaBH_4$，进行溶剂热反应获得 Na 掺杂的 Bi_2Te_3 纳米片。如图 3.14（a）所示，该方法合成的 Na 掺杂的 Bi_2Te_3 纳米片约 4 μm 大小，且从插图的衍射点可见，纳米片结晶性良好。通过施加背栅压可以将这些 Bi_2Te_3 纳米片从 p 型调控到 n 型。如图 3.14（b）所示，在 0 V、20 V、40 V 的栅压下，表面态电子和体相电子的贡献大于体相空穴的贡献，体系为 n 型，当栅压调节为–60 V、–80 V 时，体相的空穴占主导，体系转为 p 型。

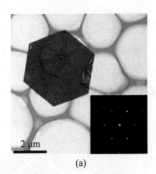

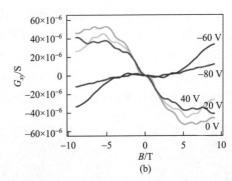

图 3.14　（a）Na 掺杂的 Bi_2Te_3 纳米片[34]；（b）改变栅压的霍尔测量结果[34]

合成拓扑绝缘体材料的一个重要挑战在于，合成的拓扑绝缘体体相载流子浓度较大，导致体相电导增加，降低了表面态对电导的贡献。通过溶剂热法实现掺杂，从而降低体相载流子浓度，是一种行之有效的办法。崔屹等[35]用溶剂热法在 Bi_2Se_3 中掺杂了 Sb，大大降低了体相的载流子浓度，并观察到了明显的双极性场效应调制现象。他们以 Bi_2O_3、Se 粉、PVP、乙二胺四乙酸二钠（ethylenediaminetetra acetic acid disodium salt，EDTA）等为原料，以乙二醇（EG）为溶剂，以 Sb_2O_3 为添加剂，165℃下维持 8～12 h，合成了 Sb 掺杂的 Bi_2Se_3 纳米片。如图 3.15（a）所示，Sb 掺杂 Bi_2Se_3 纳米片仍为六方形晶体，畴区约 2 μm 大小。此外，他们构筑了霍尔器件，分别测量了 Bi_2Se_3 纳米片和 Sb 掺杂的 Bi_2Se_3 纳米片的面载流子浓度，如图 3.15（b）所示，发现 Sb 的掺杂大大降低了体相的载流子浓度，载流子浓度约降低了一个数量级。溶剂热法合成拓扑绝缘体纳米结构可以控制其形貌、实现掺杂，从而调控它的电学性质。

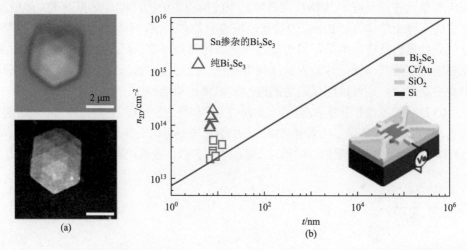

图 3.15　（a）Sb 掺杂的 Bi_2Se_3 纳米片（基底为 300 nm 的氧化硅）[35]；（b）Bi_2Se_3 纳米片和 Sb 掺杂的 Bi_2Se_3 纳米片的面载流子浓度[35]

3.2.3　化学气相沉积生长拓扑绝缘体纳米结构

化学气相沉积法（chemical vapor deposition，CVD），是一种可以制备不同形貌的高质量纳米材料的方法。反应物质的前驱体以气相的活性分子或原子的形式，在载气的辅助下被传输到基底表面，发生吸附，然后扩散、碰撞、成核再长大，其中也伴随着脱附，吸附和脱附是一个动态平衡的过程。这种方法主要涉及两种生长机理：气-液-固（vapor-liquid-solid，VLS）机理和气-固（vapor-solid，VS）机理。应用 VLS 机理的体系中会使用催化剂，催化剂粒子在反应温度下往往是液态的，这有利于迅速捕捉和富集气相中的前驱体分子或原子，加速固-液界面上的成核和沿着催化剂单一方向上的生长。应用 VS 机理的体系中往往不使用催化剂，因此在生长界面附近只有气、固两种状态。VLS 机理往往用来生长纳米线和纳米带。VS 机理则用来生长纳米片。CVD 方法的优势在于可得到形貌多种多样、面积和厚度均可调节的高质量纳米结构，制备成本相对较低。但其劣势在于要实现样品大小和厚度的精确调控并不容易，在异质结特别是超晶格的制备中存在一定的困难。

1. 化学气相沉积基础

化学气相沉积是将一种或几种挥发性反应物质在载气的作用下运输到含有基底的反应器中，在基底表面沉积并发生化学反应形成固态产物的过程。

CVD 系统共有的特征包括：含有气体处理系统（即能控制输入气体和气相前驱体浓度的源蒸发器），带有加热装置的反应器单元以及用以排走废物的排气系统[36]。前驱体本身可以是气体、液体或者固体，它们汽化后在载气的推动下进入 CVD 反应器单元进行反应。CVD 反应器单元中的反应室分为冷壁和热壁两类。热壁反应室使用整个炉体进行加热，而冷壁反应室只加热基底，不额外加热反应室的壁。排气系统根据反应的类型不同可设置不同的尾气处理剂，若是低压 CVD，下游端需要使用泵抽气以保证体系内的压强维持在一设定值。低压 CVD 系统内的压强由真空规监控，还可以配以电动阀进行精确和自动地控压。

CVD 生长过程非常复杂，包括一系列动力学和热力学过程，它与反应物质的种类、基底、温度和流速等诸多因素密切相关。如图 3.16 所示，传统 CVD 生长过程大致可以归结为前驱体物种的吸附、脱附，在基底表面扩散，成核和聚集长大等过程[36,37]。

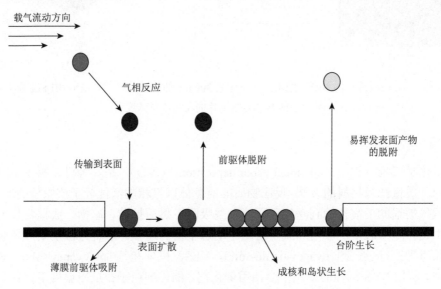

图 3.16 CVD 中基本物质运输和反应过程示意图[36,37]

吸附过程：前驱体物种通过某种方式被运输到基底表面发生吸附。通常是用惰性的载气（Ar 或者 N_2）运输前驱体。

扩散过程：吸附的前驱体在基底表面发生扩散形成过饱和蒸气或溶液。通常情况下，表面的前驱体原子或分子做随机的布朗运动，但受到晶体本身的晶体结构、基底表面结构和外部条件等因素的干扰，扩散运动可能表现出各向异性，呈现出的样品形貌由此也可能是形状各异的。

成核过程：沉积原子或团簇相互结合形成更大的团簇，在基底上成核。在成核过程中，当团簇的几何尺寸达到热力学稳定的临界尺寸时，成核是稳定的。临界尺寸的大小受材料种类、表面温度及沉积通量等因素的影响。

生长过程：在表面吸附的前驱体发生扩散，不断加入到已经成核的原子团簇中，使得整体尺寸越来越大。

此外，实际的生长过程中，还会出现吸附的前驱体从基底表面脱附、岛边缘的原子脱离再扩散以及原子或分子在岛之间扩散使表面发生熟化等过程。

在活性物种的成核过程中，体系由气态到凝聚态发生的吉布斯自由能变化为

$$\Delta G = \frac{4\pi r^3}{3}\Delta G_v + 4\pi r^2 \gamma \tag{3.1}$$

式中，$\Delta G_v = -\frac{KT}{\Omega}\ln\left(\frac{P_v}{P_s}\right)$ 为体自由能；γ 为表面能；P_v 和 P_s 分别为沉积物种的气体压强和饱和蒸气压；Ω 为体积。只有体系总自由能变化 $\Delta G < 0$ 时，活性物种才有可能从气态转变为凝聚态，即达到过饱和状态。用 ΔG 对 r 求导，在拐点处，即导数等于 0 的点，对应半径 r^* 为临界半径，$r^* = -\frac{2\gamma}{\Delta G_v}$，此时的能量为临界能量 $\Delta G = \frac{16\pi\gamma^3}{3(\Delta G_v)^2}$，该能量即为物种成核需要越过的能量势垒。对于一个确定的体系，临界半径和临界能量决定了成核密度。为了得到畴区较大的单晶样品，应让 ΔG 略小于零，此时的气压略大于饱和蒸汽压，对应的临界能量和临界半径也都较大，对成核的要求较高，因此成核少。此外，提高温度将导致临界能量和临界半径增大，提高沉积速率时两者都减小。

物质在基底尤其是异质基底表面进行沉积时，需要考虑各种界面表面能的影响。图 3.17 中，当有成核液滴处于基底表面时，边缘处受到气-液、气-固和液-固三种表面势的作用，共同作用的结果反映在液滴与基底的夹角上，即接触角 θ。此时体系成核的临界半径 r^* 和临界能量 ΔG^* 分别为

$$r^* = -\frac{2\gamma_{vf}}{\Delta G_v} \tag{3.2}$$

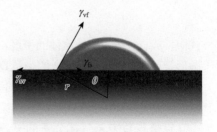

图 3.17　材料生长时气、液、固三相界面示意图及各表面势方向

$$\Delta G^* = \frac{16\pi\gamma_{\mathrm{vf}}^3}{3\Delta G_{\mathrm{v}}^2}\left[\frac{2 - 3\cos\theta + \cos^3\theta}{4}\right] \tag{3.3}$$

式中，ΔG_{v} 为体自由能，可见 ΔG_{v} 和 θ 对于成核均有重要的影响。此时，成核速率 N 经推导可得到如下计算公式：

$$N = 2\pi r^* a_0 \sin\theta \frac{PN_{\mathrm{A}}}{\sqrt{2\pi MRT}} n_{\mathrm{s}} \exp\left(\frac{E_{\mathrm{des}} - E_{\mathrm{s}} - \Delta G^*}{k_{\mathrm{B}}T}\right) \tag{3.4}$$

式中，r^* 为临界成核半径；a_0 为晶格常数；θ 为接触角；P 为体系压强；N_{A} 为阿伏伽德罗常量；M 为相对分子质量；R 为摩尔气体常量；T 为热力学温度；n_{s} 为总成核位置的密度；E_{des} 为表面脱附激活能；E_{s} 为表面扩散激活能；ΔG^* 为成核的临界能量；k_{B} 为玻尔兹曼常量。由此可见，影响成核速率的因素很多。压强 P 和温度 T 均对成核速率有影响。公式中指数部分的其他三个参量，在确定了外延材料和基底以后，也主要受温度影响。

基底上材料生长速率 G 的理论计算公式为

$$G(x) = \frac{MPV}{k_{\mathrm{B}}T\rho A} \tag{3.5}$$

式中，k_{B} 为玻尔兹曼常量；M 为化合物的相对分子质量；ρ 为物质的密度；P 为体系压强；V 为气体的体积流量；T 为热力学温度；A 为沉积面积。从公式中可以看出，影响材料成核密度和生长速率的主要因素是沉积温度 T、体系压强 P、载气流量 V 和生长时间 T。

CVD 管路中的气体流动方式与制备的材料质量、均匀性息息相关。因此实验时使用的管径、通入气体的种类和流速等都需要纳入考虑范围，CVD 系统中需要避免过多的气流扰动。流体流动情况可以用几个无量纲的参数，如雷诺数（Reynolds number，Re）和克努森数（Knudsen number，Kn）来表征。

对于雷诺数：

$$Re = \frac{\rho v d}{\mu} \tag{3.6}$$

式中，ρ、v、μ 分别为流体的密度、流速与黏性系数；d 为一特征长度。当流体流过圆形管道时，d 则表示管道的当量直径。雷诺数可作为流体流动属于层流还是湍流的判据，一般认为雷诺数小于 2300 的流动是层流，雷诺数处于 2300～4000 为过渡状态，雷诺数大于 4000 时是湍流。绝大多数 CVD 系统中流体流动属于层流，Re 小于 100。

克努森数表示气体分子的平均自由程 λ 与流场中物体的特征长度 L 的比值。

$$Kn = \frac{\lambda}{L} \tag{3.7}$$

一般认为，当克努森数小于 0.01 时，气体流动属于连续介质范畴。

2. 化学气相沉积生长拓扑绝缘体纳米带

在 CVD 的生长中，常利用 VLS 生长机制来制备拓扑绝缘体纳米线。VLS 在利用催化剂加速生长的同时还可以调控晶体形态，通常用来生长纳米线、纳米棒或者纳米带。制备的纳米线直径与催化剂颗粒的大小息息相关，调控原料浓度、生长温度和环境气压等也可对纳米线的生长进行干预。固相晶体直接吸收气相前驱体进行生长的过程比较缓慢，若是辅以一个液相催化剂，晶体生长就可以在固相晶体和液相催化剂之间的固液界面进行。固液界面包含结晶核，且固液界面中的反应势垒低于其他部分，从而可以大大提高生长速率。整个生长过程可以概述为：①制备催化剂颗粒，可以用现成的催化剂颗粒，也可以预先旋涂或者镀上一层催化剂前驱体；②升温，熔融催化剂，前驱体在高温熔融之后会形成纳米级的催化剂液滴，熔融后通入源气体；③反应前驱体在催化剂和基底之间的界面凝结，碰到结晶核后开始成核结晶；④催化剂颗粒不断被往上顶，晶体在催化剂下方形成固体单晶，在生长过程中，催化剂颗粒和纳米线的界面之间始终保持着固液界面；⑤生长结束。

纳米带结构拥有较大的比表面积，能凸显拓扑绝缘体表面态贡献，进而有利于拓扑绝缘体表面态的量子干涉效应等新奇量子现象的观测。斯坦福大学的崔屹、彭海琳等，率先通过 VLS 生长机制，使用 Au 颗粒为催化剂，实现了高质量的拓扑绝缘体 Bi_2Se_3 纳米带[38]的化学气相沉积，并首次观测到了与拓扑绝缘体表面电子态相关的 Aharonov-Bohm（AB）量子干涉效应。如图 3.18（a）、（b）所示，所得 Bi_2Se_3 纳米带具有很大的长径比，且每个纳米带顶端存在 Au 的纳米颗粒，证明 Au 纳米颗粒的确在催化 Bi_2Se_3 纳米带沿着[11$\overline{2}$0]方向生长起着至关重要的作用。如图 3.18（c）所示，结果表明，整个 Bi_2Se_3 纳米带的表面和侧面都被表面态二维电子气覆盖。量子干涉效应的存在使得磁阻取决于穿过导电空心筒的磁通量，并主要以 h/e 为周期做振荡，即 AB 振荡。当外加磁场 B 的绝对值小于 0.15 T 时，观测到反弱局域化效应，磁阻在零磁场时出现尖点，说明 Bi_2Se_3 纳米带中存在自旋轨道耦合。当外加磁场 B 的绝对值在 0.15～2 T 之间，可以看到周期为 0.62 T 的振荡，该振荡周期与纳米带截面积的乘积，恰好与 AB 效应所要求的 h/e 值相等，证明了表面态的存在。

此外，若在 Au 纳米颗粒中掺入一些磁性元素，如 Fe、Ni 等，则在 VLS 过程中，磁性元素可能会与前驱物种相互作用，进而掺入到所得纳米带中。2010 年，Cha 等以 Au-Fe 和 Ni-Au 金属薄膜作为催化剂,通过 VLS 生长方法制备了磁性掺杂的 Bi_2Se_3 纳米带[39]。如图 3.19 所示，Bi_2Se_3 纳米带的前端存在 Ni-Au 催化剂纳米粒子。尽管掺杂浓度低于 2%，低温输运测量显示当温度低于 30 K 时，电阻随着温度的减小呈现对数递增，出现了明显的近藤效应，表明 Bi_2Se_3 纳米带中存在磁性杂质。

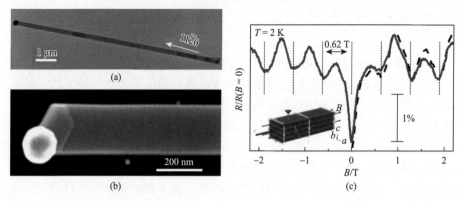

图 3.18 （a）Bi_2Se_3 纳米带的 TEM 图[38]；（b）Bi_2Se_3 纳米带的 SEM 图[38]；（c）外加磁场沿着 Bi_2Se_3 纳米带长度方向时的磁阻振荡图，0.62 T 为磁阻的振荡周期（h/e），红线代表以 3 mT/s 的扫描速率测得的磁阻曲线，黑线表示以 10 mT/s 的扫描速率测得的磁阻曲线。插图为 Bi_2Se_3 纳米带二维表面态的示意图，红色和黑色的箭头分别表示电场电流和磁力线方向，蓝紫色的圆锥表明纳米带的顶面和侧面均存在线性色散关系的狄拉克锥能带结构，环绕着纳米带的绿线表示表面电子自旋流的方向[38]

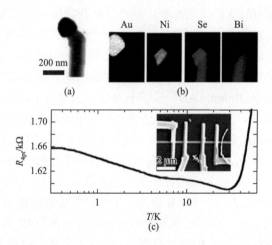

图 3.19 （a）以 Ni-Au 金属薄膜为催化剂生长的 Bi_2Se_3 纳米带[39]；（b）（a）中对应的 Au、Ni、Se 和 Bi 的能量色散 X 射线能谱（EDX）的面扫元素分布图[39]；（c）Fe 掺杂的 Bi_2Se_3 纳米带的电阻随时间的变化关系图，插图为对应的器件图[39]

3. 化学气相沉积生长拓扑绝缘体纳米片

许多三维拓扑绝缘体，如 Bi_2Se_3、Bi_2Te_3 等具有层状晶体结构，其表面配位饱和、无悬挂键，而边缘存在大量的未配位饱和的悬挂键，这使得前驱体物种更倾向于与边缘原子成键，即侧向生长成二维纳米薄片。因而，此类拓扑绝缘体由于晶体结构的各向异性，无须外加催化剂，即实现各向异性生长，形成二维纳米薄片。其生长机理往往是气-固生长模式。

2010 年，北京大学的彭海琳课题组与斯坦福大学的崔屹课题组合作，利用气-固生长机制，如图 3.20（a）、（b）所示，在 Si/SiO_2 基底上通过 CVD 方法制备了高质量的少层拓扑绝缘体 Bi_2Se_3 和 Bi_2Te_3 单晶纳米薄片[40]，厚度分布在 $3\sim6$ nm。纳米薄片形状为三角形和六边形，与自身晶体结构吻合，畴区尺寸可达 20 μm。使用高 k 介电层 Al_2O_3 作顶栅，可以实现对拓扑绝缘体 Bi_2Se_3 二维晶体的费米能级和化学势的有效调控。进一步的霍尔测量表明其载流子浓度下降至原来的 1/3。

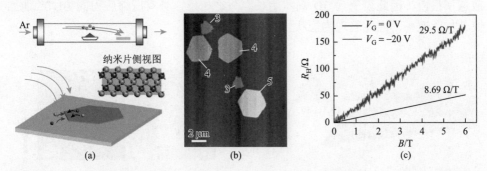

图 3.20　（a）少层 Bi_2Se_3 和 Bi_2Te_3 纳米片的气-固生长机制示意图[40]；（b）Bi_2Te_3 纳米片的 AFM 图，图中所标数字代表纳米片的层数[40]；（c）V_G 分别为 0 V 和 -20 V 时的霍尔测量[40]

4. 化学气相沉积生长拓扑绝缘体异质结

如图 3.21 所示，二维材料中的异质结主要可以分为两种，垂直异质结和面内异质结。

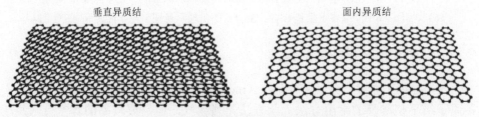

图 3.21　二维材料的垂直和面内异质结

Heo 等以 Bi_2Te_3 为第一前驱体、Sb_2Te_3 为第二前驱体构筑了 Bi_2Te_3/Sb_2Te_3 异质结[41]。如图 3.22（a）和（b）所示，第一层的 Bi_2Te_3 和第二层的 Sb_2Te_3 在 Si/SiO_2 基底上的生长行为表现为三角形岛状生长。而在 h-BN 基底上，两种晶体都是以层状生长模式进行无规则形貌的生长。晶体生长分为两步：一是前驱体分子的吸附和扩散，二是前驱体融合进入已有的成核位点。对于第一层的 Bi_2Te_3，吸附原

子在 h-BN、Bi_2Te_3 和 SiO_2 上的扩散速率遵循以下规律：$D_{s,h\text{-}BN} > D_{s,Bi_2Te_3} > D_{s,SiO_2}$。由于表面粗糙度和悬挂键的影响，$SiO_2$ 基底上的生长为扩散控制，因此 Bi_2Te_3 晶体倾向于形成三角形的热力学稳定相。相反，h-BN 基底上吸附原子的扩散速率很快，这些原子随机融合进入基底上已成核的边缘，形成了无规则的形貌。对于 Sb_2Te_3 来说，由于第一层 Bi_2Te_3 上的残余应力不同，表现出的生长行为也不相同。高分辨透射电子显微镜数据和异质结的拉曼散射谱图说明 h-BN 基底上生长的 Bi_2Te_3 存在压缩应力，Bi_2Te_3/SiO_2 体系中则不存在这样的应力。这种压缩应力将会改变 Sb_2Te_3 在 Bi_2Te_3 上的扩散速率。由于 Sb_2Te_3 在未受到应力的 Bi_2Te_3 上的扩散速率很慢，因此表现为 3D 岛状生长。与之相反，具有压缩应力的 Bi_2Te_3 能加快其扩散速率，因此表现为层状生长。

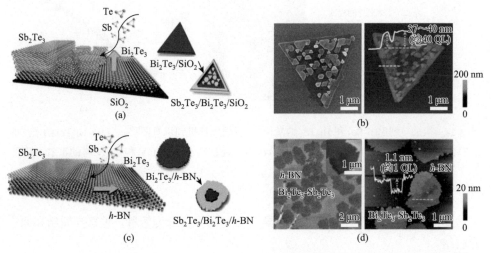

图 3.22 （a）、（b）SiO_2 基底上生长 Bi_2Te_3/Sb_2Te_3 的机理示意图、光学照片和 AFM 图[41]；
（c）、（d）h-BN 基底上生长 Bi_2Te_3/Sb_2Te_3 的机理示意图、光学照片和 AFM 图[41]

3.2.4 分子束外延生长拓扑绝缘体

在半导体工业中，分子束外延法（molecular beam epitaxy，MBE）是逐层制备原子级平整薄膜的常用方法。此方法无须载气，但需要较高的真空度（高于 10^{-8} Pa），得到的薄膜样品有很高的纯度和整齐的界面。典型的 MBE 生长过程是：将超纯的固体源放置在不同的克努森蒸发池中，在精确的温度控制下缓慢加热至其升华，获得稳定的蒸发束流，当气态的原子在基板上凝华时，不同原子之间发生化学反应，从而得到目标产物。

MBE 的最大特点是对薄膜厚度的调控可到原子层水平。样品表面形貌和电子结构的细致表征可以通过反射高能电子衍射（RHEED）、原位扫描隧道显微镜

（STM）和角分辨光电子能谱（ARPES）等实现。比如在用 MBE 方法制备的 Bi_2Te_3 和 Bi_2Se_3 中直接观测到了朗道能级[42, 43]，这为拓扑绝缘体表面态的存在提供了强劲有力的支持。

1. 分子束外延基础

分子束外延方法是 20 世纪 70 年代由美国贝尔实验室的 J. R. Arthur 和 Alfred Y. Cho 发明的，至今已被广泛应用于半导体材料的合成中，被认为是开发纳米技术的基础工具之一。分子束外延是指在清洁的超高真空环境下，具有一定能量的两种或两种以上的分子或原子的束流被喷射到被加热的晶格适配的基底上，在晶格适配的基底表面进行沉积—迁移—成键反应，生成样品薄膜的过程。由于 MBE 薄膜生长速率极慢，因此可以精确控制厚度、结构与成分，形成陡峭的异质结等，其陡峭程度可以在原子范围内实现突变，是制造各种人工结构，如量子阱、超晶格等的理想手段。

如图 3.23 所示，典型的 MBE 设备的生长室包括以下几个部分：超高真空系统、电离规、RHEED 电子枪、RHEED 荧光屏、液氮冷屏、加热台和蒸发源。

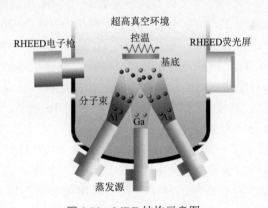

图 3.23　MBE 结构示意图

一般来说，真空区域分为低真空（$10^5 \sim 10^2$ Pa）、中真空（$10^2 \sim 10^{-1}$ Pa）、高真空（$10^{-1} \sim 10^{-5}$ Pa）和超高真空（$< 10^{-5}$ Pa）。即便在 10^{-7} Pa 的真空中，对于吸附系数为 1 的表面来说，大约 1 h 整个表面就会被气体分子完全占据，这对于表面物理的研究是十分致命的。因此 MBE 需要超高真空系统，至少 10^{-8} Pa 左右的真空度，其真空度可用电离规来监测。在 MBE 外延薄膜过程中通常采用 RHEED 进行原位实时监控，来获取薄膜生长过程中的形貌、重构、生长模式等信息。通过监测 RHEED 衍射斑点强度的振荡周期还可以精确获知薄膜生长速率。此外，在进行某些特殊的薄膜生长或者对样品进行覆盖层的保护时，需要对样品或者基

底进行低温处理。在需要冷却的系统中，生长室内的超高真空环境采用液氮或冷氮气进行冷却。MBE 通常有若干个蒸发源炉，称为克努森扩散炉，可稳定地提供气态原料。蒸发源炉通常采用钽丝电阻加热法加热坩埚中的材料，通过位于坩埚底部的热电偶测量温度，并通过温度反馈控制系统精确控温，控温精度高达 ±0.1℃，保证了稳定的蒸发束流。蒸发源炉出射口前配备有挡板来控制各个源的开关，来决定该炉体中的原料是否参与生长。此外，蒸发源炉上通常配有风冷或水冷来降低高温蒸发源对真空环境的影响并提高蒸发源的束流稳定性。

2. 分子束外延生长拓扑绝缘体薄膜

2009 年，中国科学院物理研究所的吴克辉等率先使用分子束外延手段，在 Si（111）基底上实现了原子级平整的拓扑绝缘体 Bi_2Se_3 薄膜的制备[44]。经过研究发现，提高晶体质量的关键在于移除 Si（111）的 7×7 重构，可使用 β-$\sqrt{3}$-Bi 表面作为基底来实现该目的。生长得到的薄膜厚度最薄可至一个五倍层，即约 1 nm 的厚度。

几乎同时，清华大学薛其坤课题组也实现了 Bi_2Te_3 薄膜在 Si（111）-（7×7）基底上的成功制备[45]。他们发现生长的关键参数是 Te_2/Bi 束流比（θ）和基底温度（T_{Si}）。当基底温度满足 $T_{Bi} > T_{Si} \geq T_{Te}$，且处于富 Te（$\theta = 8 \sim 20$）的环境下时，可以实现本征拓扑绝缘体的制备。其中，T_{Bi} 和 T_{Te} 是 Bi 和 Te 克努森扩散炉的温度，用于精确控制 Bi 和 Te 的沉积束流。精确的束流比确保了 Bi_2Te_3 相的形成，也使得 Te 空位的形成最小化。这一点在自熔融的拓扑绝缘体合成方法中是很难实现的。在富 Te 条件下，在生长的前沿总是存在额外的 Te 分子。然而，这些分子不能进入膜中，并且会因为 $T_{Si} > T_{Te}$ 而发生脱附。

图 3.24（a）展示了不同束流比和基底温度下，RHEED 能谱强度随时间的演变关系。九条曲线均显示了稳定的 RHEED 能谱强度振荡，清晰的 RHEED 能谱强度振荡表明薄膜在进行理想的逐层生长，其中每个振荡周期对应于 1 QL 的 Bi_2Te_3 的沉积。为了进一步确定逐层生长的机理，在生长了 1/4 QL 时中断生长，将此时的样品做 STM 表征发现，基底表面有很多 2D 孤岛，但是每个孤岛的高度都是 1 QL，这证明了生长单位为 1 QL。在不同生长条件下的 RHEED 振荡表明生长速率仅依赖于 Bi 束流，这意味着在 $T_{Si} \geq T_{Te}$ 的条件下，Te_2 分子束不吸附到（1×1）-Te 表面，并且膜不会在没有 Bi 原子束供给的情况下生长。它为 Bi_2Te_3 的可能化学计量生长设置了最低的基底温度。在这个极限温度之下，Te 原子可能不再从（1×1）-Te 表面脱附，从而导致类似于共沉积或体晶的生长。

在图 3.24（b）中可以看到厚度为 4 层的 Bi_2Te_3 膜的 RHEED 图案，锐利的直线证明合成的薄膜具有原子级的平整度，否则图案中会出现衍射点而非直线。在 543 K 的基底温度下，Te_2/Bi 束流比为 13 时生长的 80 nm 厚的 Bi_2Te_3 膜的 STM 图

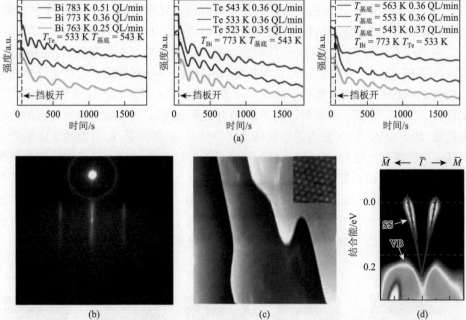

图 3.24　（a）不同束流比和温度下 RHEED 的强度随时间的变化曲线[45]；（b）厚度为 4QL 的 Bi$_2$Te$_3$ 薄膜的 RHEED 图案[45]；（c）厚度为 80 nm 的 Bi$_2$Te$_3$ 薄膜 STM 图[45]；（d）Bi$_2$Te$_3$ 薄膜 ARPES 图[45]

像显示在图 3.24（c）中。对薄膜的质量进行 ARPES 表征，图 3.24（d）显示出了在 543 K 的基底温度下，Te$_2$/Bi 束流比为 13 时生长的 80 nm 厚的 Bi$_2$Te$_3$ 膜沿 $\varGamma$-M 方向的能带结构。在费米能级附近可以看到线性分布的能带图，与以前的理论预测和本体晶体的裂解（111）表面的最近的 ARPES 测量一致，是无质量的狄拉克型表面态（SS），底部宽的"M"形特征是价带（VB）。值得注意的是，MBE 生长的 Bi$_2$Te$_3$ 薄膜并未出现明显的导带，费米能级位于带隙中，表明由 MBE 制成的 Bi$_2$Te$_3$ 薄膜的缺陷很少。

除了 Si（111）基底外，其他的基底上也能成功进行拓扑绝缘体薄膜的合成。吴克辉课题组在高介电常数 SrTiO$_3$ 上生长了低载流子浓度的 Bi$_2$Se$_3$ 薄膜[46]。在无其他元素掺杂的情况下，该薄膜的费米能级可以被调进体相带隙中，甚至在背栅调控下可以进入价带能级。这种巨大的化学势可调节性导致了显著的纵向电阻率对栅压依赖性、霍尔电阻率和弱反局域化现象。

3. 分子束外延生长拓扑绝缘体超晶格

自 1998 年以来，利用 MBE 技术制备 Bi$_2$Te$_3$/Sb$_2$Te$_3$ 的超晶格已经被广泛探索，能成功制备具有高界面质量的 Bi$_2$Se$_3$/Sb$_2$Te$_3$ 超晶格。该超晶格结构的一个重要优

点是 Bi_2Te_3 和 Sb_2Te_3 之间的界面处的声子散射可以显著增加，从而降低了热导率。之前有报道显示 Bi_2Te_3/Sb_2Te_3 的超晶格的热电优值（ZT 值）可达到 2.4[47-49]。

将两种不同的 TI 结合在一起，可能观察到一些有趣新奇的现象。Grützmacher 等首次在 Si（111）基底上生长了垂直 Sb_2Te_3/Bi_2Te_3 p-n 异质结，通过角分辨光电子能谱（ARPES）直接观测到了具有厚度依赖性的 p-n 异质结的化学势的变化[50]。如图 3.25（a）所示，随着最顶层 Sb_2Te_3 层数的减小，异质结的狄拉克点的位移大约是 200 meV，样品表面的电荷载流子特性是 p 型还是 n 型取决于表面距离 Bi_2Te_3 层的距离。这种 p-n 异质结为研究马约拉纳费米子提供了思路。因为预测表明，在费米能级被精确调节至狄拉克点时，马约拉纳费米子会出现在 3D 拓扑绝缘体-超导体的界面。除此之外，对于 Sb_2Te_3/Bi_2Te_3 超晶格，一个表面上的多数载流子是电子，而另一个表面上的多数载流子是空穴，它们都具有相同的自旋极化。这意味着，当表面电荷电流产生时，自旋电流也会同时产生。

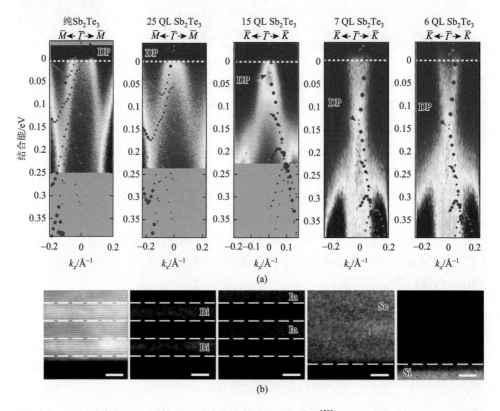

(a)

(b)

图 3.25　（a）改变 Sb_2Te_3 层数时，对应高分辨 ARPES 谱图[50]；（b）$(Bi_2Se_3)_6/(In_2Se_3)_6$ 超晶格的 HAADF-STEM 图像以及对应的 Bi、In、Se 和 Si 的面扫元素分布图，图中标尺为 7 nm[51]

除了生长二元拓扑绝缘体异质结，还可以将拓扑绝缘体和其他半导体或者绝缘体结合形成异质结。例如，半导体 In_2Se_3，具有与 Bi_2Se_3 十分相似的五倍层结构、相对较低的晶格失配（约 3.4%）。如图 3.25（b）所示，MBE 生长的 In_2Se_3/Bi_2Se_3 具有漂亮的超晶格结构和均匀的元素分布，通过改变拓扑绝缘体层的厚度，整个材料的传输维度可以在 2D 和 3D 之间切换[51]。香港大学物理系的谢茂海课题组在 Si（111）基底上生长了具有良好膜均匀性和清晰界面的 Bi_2Se_3/In_2Se_3 超晶格结构[52]。实验中，他们维持 Se 的挥发量不变，通过切换 In 和 Bi 的供给，来实现 In_2Se_3 和 Bi_2Se_3 的交替生长。此外，Brahlek 等研究了在两层 Bi_2Se_3 之间夹一层 In_2Se_3 的超晶格结构[53]的电子能带结构。他们发现，通过改变中间层 In_2Se_3 的厚度，可以调节上下两层 Bi_2Se_3 的耦合强度，逐渐由强耦合转化为完全去耦合。

3.2.5　范德瓦耳斯外延生长拓扑绝缘体

在传统的外延生长中，基底表面悬挂键的存在，有利于外延层和基底之间形成化学键，这种强相互作用能诱导薄膜生长。基于此，外延层和基底之间需要具有良好的晶格匹配度，否则两种材料之间会形成应力，从而导致位错、层错等，影响晶体质量。范德瓦耳斯外延作为一种新的外延生长技术，它是利用外延层与生成基底之间微弱的范德瓦耳斯力或静电力制备高质量的层状材料。在这一过程中，基底与外延层之间不成键，因此生长时的应变能可以快速释放，降低基底与外延层晶格失配的影响，特别适用于与基底晶格失配度大的层状材料的生长。

很多二维层状材料具有各向异性的晶体结构，即层内为强的共价键，层间为弱的范德瓦耳斯相互作用。这些材料的表面无悬挂键，是化学惰性的，而边缘存在大量活性的悬挂键，这导致层内的生长速度远远大于层间，因此从理论上可以运用范德瓦耳斯外延法逐层生长高质量的二维层状晶体材料。

1. 范德瓦耳斯外延基础

在传统的外延生长过程中，基底表面悬挂键与外延层之间形成化学键合作用，从而诱导外延薄膜的生长，当两者之间具有良好的晶格匹配度时可以得到完美的高质量外延薄膜。然而当两者之间存在较大的晶格失配（>5%）时，便会在外延生长过程中形成相当数量的位错相关缺陷，如螺旋位错、边缘位错和靠近异质界面的堆垛层错，不利于得到高质量单晶薄膜［图 3.26（a）］。缺陷对基于异质外延系统的器件的性能是有害的，尤其是在尺寸较小的器件中，缺陷的不利影响尤其明显，即使是单个缺陷也可能成为器件性能的决定因素。工业中往往通过引入缓冲层等方法来提高外延层质量。

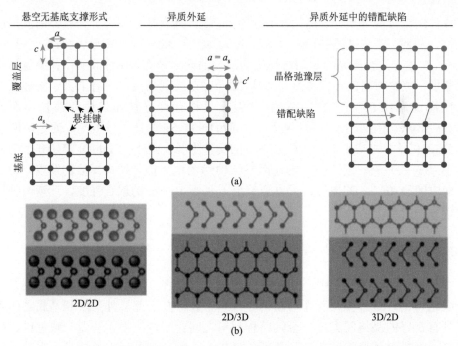

图 3.26　外延生长方法分类：（a）传统外延生长；（b）范德瓦耳斯外延生长[56]

1984 年，日本 Atsushi Koma 课题组首次利用"范德瓦耳斯外延"的概念成功制备出亚纳米厚度的 Se/Te 和 NbSe$_2$/2H-MoS$_2$ 异质结结构。即在界面是洁净且无悬挂键的情况下，利用基底与外延层之间弱的范德瓦耳斯相互作用实现高质量层状晶体的制备[54, 55]。由于基底与外延层之间没有强的共价键结合作用力，降低了两者之间晶格失配及热膨胀系数等差异对外延层质量的影响，因而显著放宽了外延生长过程对两者晶格匹配度的要求，改变了传统外延中对基底和外延层之间良好的晶格匹配度的要求，从而可以在更广泛的基底上实现功能材料薄膜的高质量、大面积制备。

如图 3.26（b）所示，当基底与外延层均为层状晶体结构，外延层在基底上进行外延时，因二者之间仅存在弱的范德瓦耳斯相互作用力，晶格失配导致的应力在生长过程中得到有效的释放，使得外延生长过程对晶格失配的容忍度显著提高。目前这一概念已延伸到非层状结构基底表面外延生长层状材料，或者层状基底表面生长非层状外延层等体系中。只要基底和外延层两者中一种为表面无悬挂键的层状材料，即两者之间不能形成强的化学键合作用而仅存在弱的范德瓦耳斯作用力，即可认为是准范德瓦耳斯外延过程[56]。

2. 范德瓦耳斯外延生长拓扑绝缘体纳米片

范德瓦耳斯外延生长方法为制备高质量单晶薄膜以及与此相关的二维叠层异

质结构的构筑等方面提供了更大可能。北京大学彭海琳团队在范德瓦耳斯外延生长二维层状材料方面取得了系列成果，他们在早期工作中成功实现了二维 Bi_2Se_3 单晶在石墨烯和二氧化硅表面的范德瓦耳斯外延生长之后[57, 58]，又实现了二维 Bi_2Se_3 单晶在云母表面的阵列化外延生长[59]。尽管它们同基底之间存在一定的晶格失配度，但是仍可以得到高质量、大面积的二维纳米片。国家纳米中心何军课题组制备出了 Te 的超薄纳米片，将范德瓦耳斯外延生长技术从生长层状材料的二维纳米结构拓展到了非层状材料的二维纳米结构[60]。新加坡南洋理工大学熊启华课题组采用范德瓦耳斯外延，在云母表面生长了一维 ZnO 纳米线，证明一维的纳米线也能通过此方法得到[61]。王欣然、施毅教授团队实现了有机分子并五苯在 h-BN 基底上的范德瓦耳斯外延生长，得到了层数可控的 1～3 层并五苯高质量外延薄膜[62]。以上种种均能说明范德瓦耳斯外延已经从最初二维层状材料的生长拓展到了非层状材料一维和二维纳米结构的制备领域，从无机材料的外延拓展到了有机分子晶体的外延生长中，范德瓦耳斯外延生长材料的普适性越来越强。

氟金云母是一种常见的层状材料，其层内为强的化学键合，层间为弱的静电相互作用。化学式为 $KMg_3(AlSi_3O_{10})F_2$，属于单斜晶系，是非常好的电绝缘体。它的层与层之间容易滑移，因此易于解理，解理后能得到毫米甚至厘米尺寸的原子级平整的表面，有效地减少了台阶、晶界等对于成核及生长的不利影响。由于氟金云母结构中的羟基全部被氟离子所取代，因此加热时能保持稳定，不会失水变形，稳定温度高达 1100℃。此外，当氟金云母厚度降低至几十微米时，具备良好的柔性，这为其在柔性电子学方面的应用奠定了基础。综上，氟金云母非常适合作为范德瓦耳斯外延生长中的基底。

2012 年，彭海琳团队的李辉等在云母上实现了 Bi_2Se_3/Bi_2Te_3 的外延生长 [图 3.27（a）][59]。如图 3.27（b）所示，不同于 Si/SiO_2 基底上 Bi_2Se_3 的取向无序生长，在云母上外延的 Bi_2Se_3 纳米片之间的夹角均为 60° 的倍数，实现了对 Bi_2Se_3 取向的控制。

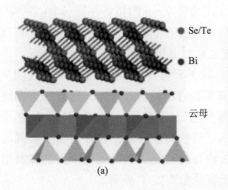
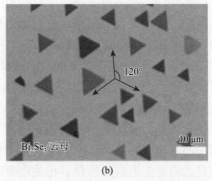

图 3.27　（a）Bi_2Se_3/Bi_2Te_3 在云母上外延生长示意图[59]；（b）Bi_2Se_3 在云母上生长的典型光学图[59]

　　香港科技大学的王宁等在六方氮化硼（h-BN）上通过范德瓦耳斯外延的方法生长了高质量原子级平整的 Bi_2Se_3 纳米片，然后再在表面增加一层 h-BN 作为封装层，制造 h-BN/Bi_2Se_3/h-BN 夹层器件结构，其示意图如图 3.28（a）所示[63]。量子电容（QC）测量显示了具有厚度依赖性的 Bi_2Se_3 拓扑相变现象，这归因于当厚度低于六层时，Bi_2Se_3 上下两个表面态较强的耦合效应将使狄拉克费米子打开带隙。对于非常薄的样品，总电容由几何电容和 Bi_2Se_3 的 QC 的串联连接组成。调整 Bi_2Se_3 的费米能级非常有效，Bi_2Se_3 的 QC 可以控制总电容中的几何电容。对于厚的 Bi_2Se_3，耗尽层电容（这是由于 Bi_2Se_3 绝缘体相部分的介电性质引起的）出现在总电容的测量中成为一个重要的影响因素。如图 3.28（b）所示，6 QL 样品显示狄拉克点特征，QC 对栅极电压的线性依赖性，这归因于拓扑表面态。然而，在 3 QL 和 5 QL 样品中，表面态被打开。电容测量结果显示从 3D 到 2D 现象的交叉临界厚度为 6 QL，这与角分辨光电子能谱研究的结果非常吻合。

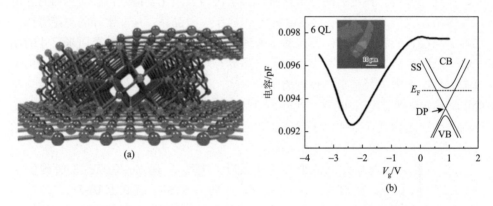

图 3.28　（a）h-BN/Bi_2Se_3/h-BN 夹层结构示意图[63]；（b）h-BN/6QL-Bi_2Se_3/h-BN 器件的电容测量[63]

　　彭海琳团队在云母上合成了尺寸 50 μm、厚度 2 nm 的拓扑绝缘体 Bi_2Te_2Se[64]。如图 3.29（b）和（c）所示，低温电学输运测量表明，Bi_2Te_2Se 纳米片具有高载流子迁移率和显著的反弱局域化特征。在 2 K 时其退相干长度可达 537 nm，表明二维 Bi_2Te_2Se 晶体具有较高的晶体质量。除了云母外，h-BN 等基底上也能生长制备高质量的 2D Bi_2Te_2Se。Kern 等在 h-BN 上通过范德瓦耳斯外延方法成功地生长了取向规则的 Bi_2Te_2Se[65]。制备的薄膜较之传统的 Si/SiO_x 基底上生长的 Bi_2Te_2Se 表现出了明显增强的表面迁移率，这使得能够首次在该材料中研究与栅极相关的量子振荡。高迁移率表面电荷传输与费米能级的高效可调性的独特组合为研究这类器件中新颖的自旋相关电荷迁移现象奠定了基础。

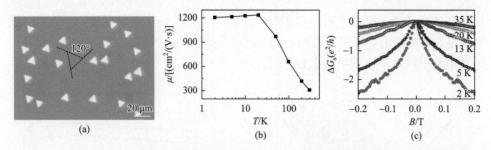

图 3.29　（a）Bi$_2$Te$_2$Se 纳米片典型光学照片[64]；（b）2D Bi$_2$Te$_2$Se 迁移率-温度变化曲线[64]；
（c）Bi$_2$Te$_2$Se 制成的霍尔器件在不同温度范围（2~35 K）的磁导率（ΔG_s）随磁场的变化曲线[64]

3. 范德瓦耳斯外延生长拓扑绝缘体纳米薄膜

由于范德瓦耳斯外延对基底的要求降低了，因此可以在众多基底上实现拓扑绝缘体纳米薄膜的制备。北京大学的彭海琳等在柔性透明绝缘的云母基底上，利用范德瓦耳斯外延技术生长了如图 3.30（a）所示的高质量的拓扑绝缘体 Bi$_2$Se$_3$薄膜[66]。ARPES 可直接观察到其特有的金属表面态，紫外-可见吸收光谱证实其具有优于商用氧化铟锡（indium tin oxides，ITO）玻璃和氟掺杂氧化锡（SnO$_2$：F，FTO）导电玻璃的近红外透光性，除此之外它还具备良好的机械柔性。该工作是拓扑绝缘体这类新奇材料在柔性透明电极领域的首个实际应用案例，在新一代触摸屏、显示器、太阳能电池和光学通信器件等领域均有广阔的应用前景。

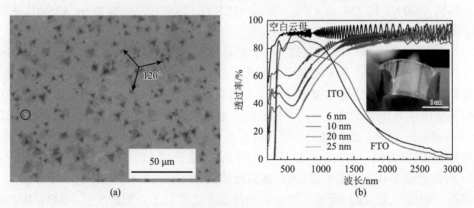

图 3.30　（a）云母上生长的 Bi$_2$Se$_3$ 典型光学图片[66]；（b）不同厚度 Bi$_2$Se$_3$ 的 UV-vis-IR 谱图，
插图为弯曲带有阵列化霍尔器件的云母示意图[66]

随后，他们与北京大学的徐洪起课题组合作，观测 CVD 生长的拓扑绝缘体 Bi$_2$Se$_3$ 薄膜低温下的量子输运过程。如图 3.31（a）所示，在低温下，拓扑绝缘体 Bi$_2$Se$_3$ 薄膜呈现显著的反弱局域化和强的电子-电子相互作用。从弱反局域化特征中提取的相位相干长度随着温度的降低呈现指数形式的增加。膜中的输运行为通过耦合的多通道（拓扑表面态和体态）发生。图 3.31（b）中数据显示，随着温度的降低，薄膜的电导率呈对数减小，因此对于处于低温的薄膜，电子-电子相互作用在电导率的量子校正中起主要作用。

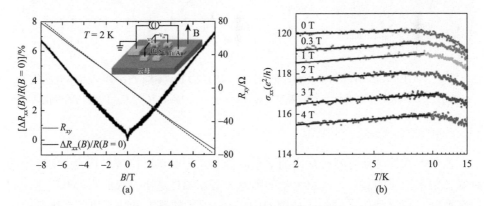

图 3.31 （a）2 K 下，Bi_2Se_3 薄膜的纵向电阻和霍尔电阻测量，插图为霍尔器件的测量示意图[67]；
（b）在不同的磁场下，薄层电导率 σ_{xx} 随温度变化关系图[67]

美国普渡大学的陈勇教授等通过金属有机化合物化学气相沉积（metal-organic chemical vapor deposition，MOCVD）的方法在 GaAs（001）基底上利用范德瓦耳斯外延的方式得到了晶圆级别的 Bi_2Te_3 薄膜[68]。霍尔测量显示其体相载流子室温迁移率（300 K）约 350 $cm^2/(V\cdot s)$，低温（15 K）迁移率可达约 7400 $cm^2/(V\cdot s)$，证明了薄膜电学质量较高。

对于 Si（111）-（7×7）基底，由于表面通常有悬挂键的存在，直接进行 Bi_2Se_3 等拓扑绝缘体生长，是无法满足范德瓦耳斯外延的要求的。因此一般采用氢原子钝化的方式使表面的悬挂键饱和，以实现范德瓦耳斯外延生长。香港大学的谢茂海等采用了另外的方式——两步生长法，通过抑制基底的表面效应，成功在斜切（vicinal）Si（111）表面通过范德瓦耳斯外延的方式得到了 Bi_2Se_3 薄膜[69]。他们通过 MBE 的方法，先在 100 K 下以高的 Se/Bi 束流比（10∶1）在基底上沉积 2～3 QL 的无定形 Bi_2Se_3 晶种层，再升高温度继续 Bi_2Se_3 的生长，得到高质量的薄膜。如图 3.32（a）所示，可以认为基底上先生长了一层缓冲层，然后 Bi_2Se_3 以此为"新基底"进行范德瓦耳斯外延生长。图 3.32（b）为在斜切 Si（111）上生长的 Bi_2Se_3 薄膜表面。

4. 选区范德瓦耳斯外延生长拓扑绝缘体二维晶体阵列

在范德瓦耳斯外延中，二维材料在基底上的成核位置的选择是随机的，因而在后续应用过程中只能制备单一器件，如果要实现材料图案化或者阵列化，需要

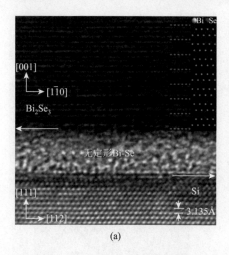

图 3.32　（a）Si 基底与其上外延的 Bi_2Se_3 的截面 TEM，虚线表示的是邻近层之间的范德瓦耳斯层间间隙，插图为 Bi_2Se_3 的晶体结构示意图[69]；（b）斜切 Si（111）基底上生长的 Bi_2Se_3 薄膜的 STM 谱图，虚线三角形表示薄膜中的孪晶缺陷[69]

后期对材料进行处理。例如，可以进行选区刻蚀，但这样操作较为烦琐，容易引入额外的污染。那么有没有一种方法能够直接得到图案化或者阵列化的材料呢？这就需要在材料生长过程中对基底上的成核位点进行区域化控制，一般采用的方法是预先对基底进行区域化处理，使基底表面的粗糙度、亲疏水性、静电作用等在不同区域内不同，或者在基底上构筑图案化的晶种，诱导功能材料在基底特定位置进行成核生长。以上方法都能实现对成核区域的选择性控制，完成特定阵列或图案化材料的直接生长。

在二维晶体材料的图案化可控制备方面，北京大学彭海琳课题组做出了系列代表性工作。

2012 年，李辉等实现了 V-Ⅵ族拓扑绝缘体材料 Bi_2Se_3 和 Bi_2Te_3 的图案化生长，以预先设计好特定图案的铜网或紫外光刻定义预设图案的 PMMA 膜为掩膜版，利用氧气等离子体对云母基底进行选择性处理，在掩膜保护的区域实现了单晶阵列的构筑（图 3.33）[59]。郭芸帆等利用更为宏观的 Cu 网掩膜实现了大面积 Bi_2Se_3 晶体的选区范德瓦耳斯外延，制备了拓扑绝缘体透明网络电极，从可见到近红外区域的透过率均超过了 85%，具有行业竞争优势[70]。能实现选区定点生长的原因是用氧气等离子体对云母基底表面进行处理后，云母表面的 K—O 键、Si—O 键和 Al—O 键被破坏，并且羟基化，表面产生悬挂键且粗糙度增大，不再属于二维晶体的范德瓦耳斯外延生长范畴。因此只有在保持原子级平整的保护区域才会发生成核和生长，从而实现对二维材料成核位点的控制以及单晶阵列的构筑。

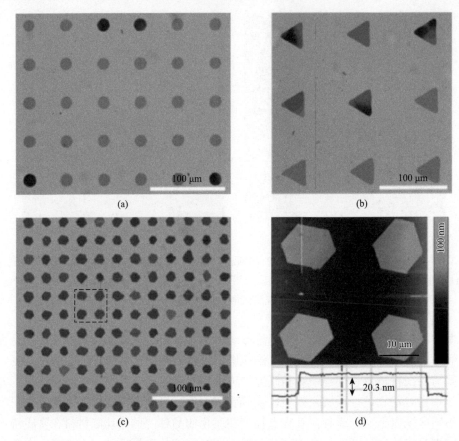

图 3.33 　（a）、（b）圆形及三角形 Bi_2Se_3 纳米片的（5×6）和（3×3）阵列光学图[59]；
（c）云母上（11×12）阵列光学图；（d）图（c）中黑虚线框中对应的 Bi_2Se_3 纳米片（2×2）
阵列 AFM 图像以及对应高度

　　上述模板辅助的定点生长方法的原理是定点破坏云母表面，因此受限于云母本身的物理化学性质，且该方法对于基底的处理工艺相对复杂，科学工作者们希望探索出一种更为简单高效的方法可以实现二维材料成核位点的控制，并能适用于较多种类的基底，提高方法的普适性。郑文山等在 2014 年发展了一种使用微接触印章进行定点生长的方法[71]。首先通过光刻技术在 SiO_2/Si 表面上获得反型 SU8 光刻胶的模板，再将液态二甲基硅氧烷浇注在模板上，利用其聚合反应制备聚二甲基硅氧烷（PDMS）印章，将形成的透明弹性体从硅片基底上剥离下来即可得到 PDMS 印章，此时 PDMS 印章完全复制了光刻胶模板的图形，如图 3.34（a）所示。将含有饱和 PDMS 低聚物的丙酮、乙醇或者环己烷溶液滴加到印章具有阵列化图案的那一面，然后将其轻轻压印在新鲜剥离的云母表面。可以将覆有 PDMS 印章的基底置于真空干燥箱中加速液体的挥发，待液体完全挥发后将印章从基底

上取下。保存完好的印章可反复使用。该方法能形成图案化生长的机理：PDMS
印章的压印处理在云母表面形成了与印章结构相反的图形，PDMS 寡聚物会对云
母表面进行图案化修饰，接触液体区域的粗糙度明显增加，接触印章区域仍能保
持原子级平整的表面。粗糙度变大的区域导致成核势垒的增加，气相前驱体难以
在修饰过后的表面进行成核生长，只能在印章接触的位置发生反应，进行生长。
该方法已经可以稳定获得大面积定点定向生长的二维晶体阵列结构，样品阵列图
案与印章模板很好地吻合，其在二维晶体材料家族中具有普适性。

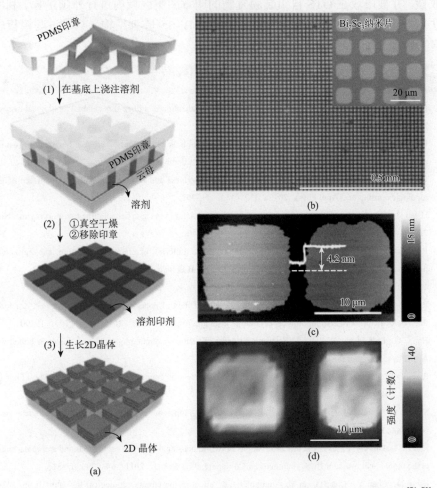

图 3.34　（a）PDMS 微接触印刷法制备 2D 拓扑绝缘体晶体阵列图案工艺流程图[71, 72]；
（b）大面积阵列化的典型光学图片[72]；（c）、（d）图（b）中两个相邻 Bi₂Se₃ 纳米片对
应的 AFM、拉曼面扫描强度分布（E_g^2）图[72]

　　在此基础上，彭海琳课题组进一步在表面为羟基基团的白云母基底上利用十

八烷基三氯硅烷（OTS）自组装膜实现对基底的选择性修饰[72]。该过程所使用的 PDMS 印章与前文提到的方法一致，然后在印章表面涂上 OTS 的己烷溶液，待己烷溶剂挥发后将其轻轻压印在新鲜剥离的白云母基底表面 10～30 min，将印章取下后即可用此基底通过范德瓦耳斯外延生长 Bi_2Se_3。究其原因，OTS 在印章与白云母基底的接触处通过化学键合作用发生了自组装，当温度升到 490℃时，该单层自组装膜转化为分立的纳米粒子，但依然保持着 PDMS 印章的图案形状，这些粒子的存在降低了生长过程中的成核势垒，因而气相前驱体倾向于在这些位置优先成核，并被限域在 OTS 自组装膜复制的印章图案区域内进行外延生长。利用该方法同样获得了大面积定点定向生长的二维 Bi_2Se_3 阵列结构，只不过与模板辅助选区范德瓦耳斯外延法得到的图案正好相反。

参 考 文 献

[1] Chen Y L，Analytis J G，Chu J H，et al. Experimental realization of a three-dimensional topological insulator，Bi_2Te_3. Science，2009，325（5937）：178-181.

[2] Hruban A，Strzelecka S G，Materna A，et al. Reduction of bulk carrier concentration in bridgman-grown Bi_2Se_3 topological insulator by crystallization with Se excess and Ca doping. J Cryst Growth，2014，407：63-67.

[3] Golyashov V A，Kokh K A，Makarenko S V，et al. Inertness and degradation of（0001）surface of Bi_2Se_3 topological insulator. J Appl Phys，2012，112（11）：113702.

[4] Hsieh D，Xia Y，Qian D，et al. A tunable topological insulator in the spin helical dirac transport regime. Nature，2009，460（7259）：1101-1159.

[5] Roychowdhury S，Shenoy U S，Waghmare U V，et al. Tailoring of electronic structure and thermoelectric properties of a topological crystalline insulator by chemical doping. Angew Chem Int Edit，2015，54（50）：15241-15245.

[6] Roychowdhury S，Shenoy U S，Waghmare U V，et al. Effect of potassium doping on electronic structure and thermoelectric properties of topological crystalline insulator. Appl Phys Lett，2016，108（19）：193901.

[7] Han C Q，Li H，Chen W J，et al. Electronic structure of a superconducting topological insulator Sr-doped Bi_2Se_3. Appl Phys Lett，2015，107（17）：171602.

[8] Ruleova P，Drasar C，Krejcova A，et al. Tuning the free electron concentration in Sr-doped Bi_2Se_3. J Phys Chem Solids，2013，74（5）：746-750.

[9] Smylie M P，Willa K，Claus H，et al. Robust odd-parity superconductivity in the doped topological insulator $Nb_xBi_2Se_3$. Phys Rev B，2017，96（11）：115145.

[10] Ren Z，Taskin A A，Sasaki S，et al. Observations of two-dimensional quantum oscillations and ambipolar transport in the topological insulator Bi_2Se_3 achieved by Cd doping. Phys Rev B，2011，84（7）：075316.

[11] Kong D，Chen Y，Cha J J，et al. Ambipolar field effect in the ternary topological insulator$(Bi_xSb_{1-x})_2Te_3$ by composition tuning. Nat Nanotechnol，2011，6（11）：705-709.

[12] Arakane T，Sato T，Souma S，et al. Tunable Dirac cone in the topological insulator $Bi_{2-x}Sb_xTe_{3-y}Se_y$. Nat Commun，2012，3（636）.

[13] Wray L A，Xu S，Xia Y，et al. Observation of topological order in a superconducting doped topological insulator. Nat Phys，2010，6（11）：855-859.

[14]　Kriener M，Segawa K，Ren Z，et al. Bulk superconducting phase with a full energy gap in the doped topological insulator $Cu_xBi_2Se_3$. Phys Rev Lett，2011，106（12）：127004.

[15]　Hor Y S，Williams A J，Checkelsky J G，et al. Superconductivity in $Cu_xBi_2Se_3$ and its implications for pairing in the undoped topological insulator. Phys Rev Lett，2010，104（5）：057001.

[16]　Novoselov K S. Graphene：materials in the flatland. Int J Mod Phys B，2011，25（30SI）：4081-4106.

[17]　Goyal V，Teweldebrhan D，Balandin A A. Mechanically-exfoliated stacks of thin films of Bi_2Te_3 topological insulators with enhanced thermoelectric performance. Appl Phys Lett，2010，97（13）：133117.

[18]　Teweldebrhan D，Goyal V，Rahman M，et al. Atomically-thin crystalline films and ribbons of bismuth telluride. Appl Phys Lett，2010，96（5）：053107.

[19]　Shahil K M F，Hossain M Z，Goyal V，et al. Micro-raman spectroscopy of mechanically exfoliated few-quintuple layers of Bi_2Te_3，Bi_2Se_3，and Sb_2Te_3 materials. J Appl Phys，2012，111（5）：054305.

[20]　Cho S，Butch N P，Paglione J，et al. Insulating behavior in ultrathin bismuth selenide field effect transistors. Nano Lett，2011，11（5）：1925-1927.

[21]　Teweldebrhan D，Goyal V，Balandin A A. Exfoliation and characterization of bismuth telluride atomic quintuples and quasi-two-dimensional crystals. Nano Lett，2010，10（4）：1209-1218.

[22]　Hong S S，Kundhikanjana W，Cha J J，et al. Ultrathin topological insulator Bi_2Se_3 nanoribbons exfoliated by atomic force microscopy. Nano Lett，2010，10（8）：3118-3122.

[23]　Hernandez Y，Nicolosi V，Lotya M，et al. High-yield production of graphene by liquid-phase exfoliation of graphite. Nat Nanotechnol，2008，3（9）：563-568.

[24]　Hamilton C E，Lomeda J R，Sun Z，et al. High-yield organic dispersions of unfunctionalized graphene. Nano Lett，2009，9（10）：3460-3462.

[25]　O'Neill A，Khan U，Nirmalraj P N，et al. Graphene dispersion and exfoliation in low boiling point solvents. J Phys Chem C，2011，115（13）：5422-5428.

[26]　Qian W，Hao R，Hou Y，et al. Solvothermal-assisted exfoliation process to produce graphene with high yield and high quality. Nano Res，2009，2（9）：706-712.

[27]　Luo Z，Huang Y，Weng J，et al. 1.06 μm Q-switched ytterbium-doped fiber laser using few-layer topological insulator Bi_2Se_3 as a saturable absorber. Opt Express，2013，21（24）：29516-29522.

[28]　Sun Y，Cheng H，Gao S，et al. Atomically thick bismuth selenide freestanding single layers achieving enhanced thermoelectric energy harvesting. J Am Chem Soc，2012，134（50）：20294-20297.

[29]　Hong S S，Kong D，Cui Y. Topological insulator nanostructures. Mrs Bull，2014，39（10）：873-878.

[30]　Kaspar K，Pelz U，Hillebrecht H. Polyol synthesis of nano-Bi_2Te_3. J Electron Mater，2014，43（4）：1200-1206.

[31]　Shi W，Zhou L，Song S，et al. Hydrothermal synthesis and thermoelectric transport properties of impurity-free antimony telluride hexagonal nanoplates. Adv Mater，2008，20（10）：1892.

[32]　Shi W，Yu J，Wang H，et al. Hydrothermal synthesis of single-crystalline antimony telluride nanobelts. J Am Chem Soc，2006，128（51）：16490-16491.

[33]　Kong D，Cha J J，Lai K，et al. Rapid surface oxidation as a source of surface degradation factor for Bi_2Se_3. ACS Nano，2011，5（6）：4698-4703.

[34]　Wang Y，Xiu F，Cheng L，et al. Gate-controlled surface conduction in na-doped Bi_2Te_3 topological insulator nanoplates. Nano Lett，2012，12（3）：1170-1175.

[35]　Kong D，Koski K J，Cha J J，et al. Ambipolar field effect in Sb-doped Bi_2Se_3 nanoplates by solvothermal synthesis. Nano Lett，2013，13（2）：632-636.

[36] Ritch J S，Chivers T，Afzaal M，et al. The single molecular precursor approach to metal telluride thin films：imino-bis(diisopropylphosphine tellurides)as examples. Chem Soc Rev，2007，36（10）：1622-1631.

[37] Carra S，Masi M. Kinetic approach to materials synthesis by gas-phase deposition. Prog Cryst Growth Ch，1998，37（1）：1-46.

[38] Peng H，Lai K，Kong D，et al. Aharonov-bohm interference in topological insulator nanoribbons. Nat Mater，2010，9（3）：225-229.

[39] Cha J J，Williams J R，Kong D，et al. Magnetic doping and Kondo effect in Bi_2Se_3 nanoribbons. Nano Lett，2010，10（3）：1076-1081.

[40] Kong D，Dang W，Cha J J，et al. Few-layer nanoplates of Bi_2Se_3 and Bi_2Te_3 with highly tunable chemical potential. Nano Lett，2010，10（6）：2245-2250.

[41] Heo H，Sung J H，Ahn J，et al. Frank-van der Merwe growth versus Volmer-Weber growth in successive stacking of a few-layer Bi_2Te_3/Sb_2Te_3 by van der Waals heteroepitaxy：the critical roles of finite lattice-mismatch with seed substrates. Adv Electron Mater，2017，3（2）：1600375.

[42] Cheng P，Song C，Zhang T，et al. Landau quantization of topological surface states in Bi_2Se_3. Phys Rev Lett，2010，105（7）：076801.

[43] Jiang Y，Wang Y，Chen M，et al. Landau quantization and the thickness limit of topological insulator thin films of Sb_2Te_3. Phys Rev Lett，2012，108（1）：016401.

[44] Zhang G，Qin H，Teng J，et al. Quintuple-layer epitaxy of thin films of topological insulator Bi_2Se_3. Appl Phys Lett，2009，95（5）：053114.

[45] Li Y Y，Wang G A，Zhu X G，et al. Intrinsic topological insulator Bi_2Te_3 thin films on Si and their thickness limit. Adv Mater，2010，22（36）：4002-4007.

[46] Zhang G，Qin H，Chen J，et al. Growth of topological insulator Bi_2Se_3 thin films on $SrTiO_3$ with large tunability in chemical potential. Adv Funct Mater，2011，21（12）：2351-2355.

[47] Venkatasubramanian R，Siivola E，Colpitts T，et al. Thin-film thermoelectric devices with high room-temperature figures of merit. Nature，2001，413（6856）：597-602.

[48] Hicks L D，Dresselhaus M S. Effect of quantum-well structures on the thermoelectric figure of merit. Phys Rev B，1993，47（19）：12727-12731.

[49] Balandin A，Wang K L. Significant decrease of the lattice thermal conductivity due to phonon confinement in a free-standing semiconductor quantum well. Phys Rev B，1998，58（3）：1544-1549.

[50] Eschbach M，Mlynczak E，Kellner J，et al. Realization of a vertical topological p-n junction in epitaxial Sb_2Te_3/Bi_2Te_3 heterostructures. Nat Commun，2015，6：8816.

[51] Zhao Y F，Liu H W，Guo X，et al. Crossover from 3D to 2D quantum transport in Bi_2Se_3/In_2Se_3 superlattices. Nano Lett，2014，14（9）：5244-5249.

[52] Wang Z Y，Guo X，Li H D，et al. Superlattices of Bi_2Se_3/In_2Se_3：growth characteristics and structural properties. Appl Phys Lett，2011，99（2）：023112.

[53] Brahlek M J，Koirala N，Liu J，et al. Tunable inverse topological heterostructure utilizing$(Bi_{1-x}In_x)_2Se_3$ and multichannel weak-antilocalization effect. Phys Rev B，2016，93（12）：125416.

[54] Koma A，Sunouchi K，Miyajima T. Fabrication and characterization of heterostructures with subnanometer thickness. Microelectron Eng，1984，2（1-3）：129-136.

[55] Koma A，Sunouchi K，Miyajima T. Fabrication of ultrathin heterostructures with van der Waals epitaxy. J Vac Sci Technol B，1985，3（2）：724.

[56] Koma A. Van der Waals epitaxy for highly lattice-mismatched systems. J Cryst Growth，1999，201：236-241.

[57] Dang W H，Peng H L，Li H，et al. Epitaxial heterostructures of ultrathin topological insulator nanoplate and graphene. Nano Lett，2010，10（8）：2870-2876.

[58] Kong D S，Dang W H，Cha J J，et al. Few-layer nanoplates of Bi_2Se_3 and Bi_2Te_3 with highly tunable chemical potential. Nano Lett，2010，10（6）：2245-2250.

[59] Li H，Cao J，Zheng W，et al. Controlled synthesis of topological insulator nanoplate arrays on mica. J Am Chem Soc，2012，134（14）：6132-6135.

[60] Wang Q，Safdar M，Xu K，et al. Van der Waals epitaxy and photoresponse of hexagonal tellurium nanoplates on flexible mica sheets. ACS Nano，2014，8（7）：7497-7505.

[61] Utama M I B，Belarre F J，Magen C, et al. Incommensurate van der Waals epitaxy of nanowire arrays: a case study with ZnO on muscovite mica substrates. Nano Lett，2012，12（4）：2146-2152.

[62] He D，Zhang Y，Wu Q, et al. Two-dimensional quasi-freestanding molecular crystals for high-performance organic field-effect transistors. Nat Commun，2014，5：5162.

[63] Xu S，Han Y，Chen X，et al. Van der Waals epitaxial growth of atomically thin Bi_2Se_3 and thickness-dependent topological phase transition. Nano Lett，2015，15（4）：2645-2651.

[64] Liu Y，Tang M，Meng M，et al. Epitaxial growth of ternary topological insulator Bi_2Te_2Se 2D crystals on mica. Small，2017，13（18）：1603572.

[65] Gehring P，Gao B F，Burghard M，et al. Growth of high-mobility Bi_2Te_2Se nanoplatelets on h-BN sheets by van der Waals epitaxy. Nano Lett，2012，12（10）：5137-5142.

[66] Peng H，Dang W，Cao J，et al. Topological insulator nanostructures for near-infrared transparent flexible electrodes. Nat Chem，2012，4（4）：281-286.

[67] Jing Y，Huang S，Zhang K，et al. Weak antilocalization and electron-electron interaction in coupled multiple-channel transport in a Bi_2Se_3 thin film. Nanoscale，2016，8（4）：1879-1885.

[68] Cao H，Venkatasubramanian R，Liu C，et al. Topological insulator Bi_2Te_3 films synthesized by metal organic chemical vapor deposition. Appl Phys Lett，2012，101（16）：162104.

[69] Li H D，Wang Z Y，Kan X，et al. The van der Waals epitaxy of Bi_2Se_3 on the vicinal Si（111）surface: an approach for preparing high-quality thin films of a topological insulator. New J Phys，2010，12：103038.

[70] Guo Y，Aisijiang M，Zhang K，et al. Selective-area van der Waals epitaxy of topological insulator grid nanostructures for broadband transparent flexible electrodes. Adv Mater，2013，25（41）：5959-5964.

[71] Zheng W，Xie T，Zhou Y，et al. Patterning two-dimensional chalcogenide crystals of Bi_2Se_3 and In_2Se_3 and efficient photodetectors. Nat Commun，2015，6：6972.

[72] Wang M，Wu J，Lin L，et al. Chemically engineered substrates for patternable growth of two-dimensional chalcogenide crystals. ACS Nano，2016，10（11）：10317-10323.

第4章

拓扑绝缘体的性质表征

目前，实验上研究拓扑绝缘体金属性表面态的手段主要有扫描隧道显微镜和隧道谱（scanning tunneling microscopy/spectroscopy，STM/STS）、角分辨光电子能谱和电学输运测量等。本章将主要从上述三个方面对拓扑绝缘体性质表征进行阐述，简要介绍表征手段的基础知识，并概述拓扑绝缘体性质表征的研究现状。

4.1 扫描隧道显微镜和隧道谱

1981 年，IBM 瑞士苏黎世实验室的 Gerd Binnig 和 Heinrich Rohrer 成功研制出世界上第一台扫描隧道显微镜，并很快实现原子分辨。随后，人们利用 STM 观测到了多年未能探明的晶体表面的原子排布方式，如 Si（111）-（7×7）表面。STM 的出现使人类第一次能够实时地观测甚至操纵单个原子，探测单个原子的局域态密度（local density of state，LODS）和能谱等，对表面科学、材料科学、生命科学等领域具有广泛而深远的影响。两位科学家也因此与电子显微镜的发明人 Ernst Ruska 分享了 1986 年的诺贝尔物理学奖。

经过 30 多年的发展，STM 技术得到了长足的发展。此外，STM 设备中极端条件的引入，如超高真空、极低温、强磁场，大大地拓展了 STM 在凝聚态物理和材料科学等领域研究的深度和广度。同时，将 STM 与其他材料生长和表面表征技术联用，如分子束外延（MBE）、角分辨光电子能谱等，进一步拓展 STM 的研究领域。例如，近年来 STM/STS 在石墨烯、拓扑绝缘体等新材料体系研究中发挥了极其重要的作用。

4.1.1 扫描隧道显微镜和隧道谱技术基础

1. 扫描隧道显微镜技术基础

STM 的基本工作原理是基于量子力学中的电子隧穿效应。当两电极靠得很近时（约 1 nm），两电极的电子波函数会于真空中发生交叠。此时，若在两者之间施加一个偏压 V，电子就可能越过真空势垒从一侧隧穿到另一侧，产生隧穿电流 I。

　　当偏压 V 非常小时，隧穿电流可认为均由费米能级附近的电子态贡献，此时隧穿电流 I 可进行如下简写：

$$I \propto V \rho_s(0, E_F) e^{-2kd} \tag{4.1}$$

式中，$k = \sqrt{2m\Phi}/\hbar$，Φ 为样品功函数；ρ_s 为样品的局域态密度；d 为两电极之间的距离。式（4.1）表明，在一定偏压范围条件下，隧穿电流 I 随电极间距 d 呈指数关系改变。因此 d 的微小变化即可引起隧穿电流 I 的显著变化，这是 STM 能够探测表面微小起伏、获得原子级分辨图像的原因。我们知道一般样品的功函数的值为几电子伏特，由此可以估算 k 约为 $1\ \text{Å}^{-1}$。也就是说，STM 针尖和样品的距离 d 每增加 $1\ \text{Å}$，电流就降低近一个数量级。

　　STM 主要有两种成像模式，分别是恒电流模式和恒高度模式。在恒电流模式中，通过反馈电路，实时调节压电陶瓷管的伸缩量，来保持隧穿电流恒定。反馈信号记载的压电陶瓷的伸缩量与样品表面起伏一一对应。在恒高度模式下，关闭反馈电路，直接记录隧穿电流值，将隧穿电流的变化经过适当转换后，即可反映样品表面形貌起伏。恒高度模式通常仅适用于小范围的原子级平整的表面，而恒电流模式是最常采用的成像模式。需要注意的是，在原子级分辨的 STM 图像中，其衬度通常反映的是样品表面局域电子态密度的强弱，与原子位置并非直接对应。

　　由于 STM 非常灵敏地依赖于隧道结的宽度，微小的震动可能引起隧道结宽度的变化，进而影响成像质量。因此，STM 需要极高的减震措施。高性能的 STM 通常采用多级减震的方法，如将 STM 放置于专门设计的防震平台上，并通过减震的压缩空气垫隔离高频振动等。

　　此外，STM 探针的质量对成像也有很大的影响。大气环境中通常采用的是 Pt/Ir 探针，而真空中常采用化学腐蚀的 W 针尖。

2. 扫描隧道谱技术基础

　　STM 技术发明之前，隧道谱技术早已广泛应用于研究样品平面结电子态密度，具有很高的能量分辨率。在 STM 发明之后，人们将隧道谱的能量分辨率与 STM 的原子空间分辨率相结合，使其能在原子尺度探测空间某一点的态密度，这就是扫描隧道谱（STS）。

　　扫描隧道谱同样是基于电子的隧穿。式（4.1）只适用于小偏压条件，当偏压 V 足够大时，不仅费米面 E_F 附近的电子会发生隧穿，能量位于 E_F 到 $E_F - eV$ 的所有电子态都会对隧穿有贡献，区别仅在于隧穿概率的大小。此时，隧穿电流 I 满足 Bardeen 非含时的微扰理论 [式（4.2）]：

$$I = \frac{4\pi e}{\hbar} \int_0^{eV} \rho_s(r, E_F - eV + \varepsilon) \rho_t(E_F + \varepsilon) |M|^2 \, d\varepsilon \tag{4.2}$$

式中，ρ_t 和 ρ_s 分别为样品（r 处）和针尖的态密度；E_F 为费米能级；M 为隧穿矩阵元。该公式反映了轨道波函数对称性及对应的相互作用关系。电流值即可反映出针尖和样品态密度的信息。很多情况下，在感兴趣的能量范围内，针尖态密度和隧穿矩阵元可以作为常数处理，因此式（4.2）可简化为如下形式：

$$I \propto \int_0^{eV} \rho_s(r, E_F - eV + \varepsilon)\mathrm{d}\varepsilon \qquad (4.3)$$

对其微分可得微分电导 $\mathrm{d}I/\mathrm{d}V$：

$$\mathrm{d}I/\mathrm{d}V \propto \rho_s(r, V) \qquad (4.4)$$

由式（4.4）可知，微分电导与样品的局域态密度成正比。测量微分电导值随偏压的变化即可得到样品局域态密度随能量的变化，间接反映样品的电子结构。

实际操作中，$\mathrm{d}I/\mathrm{d}V$ 谱的测量通常将反馈电路关闭，采用恒高度模式采集数据。既可以通过对 I-V 谱进行数值微分，也可以通过锁相放大技术获得 $\mathrm{d}I/\mathrm{d}V$ 谱。后者通常具有较前者更高的信噪比。能量分辨率是 STS 谱一个至关重要的因素。在实际的 STS 测量中，影响其能量分辨率的因素很多，包括测量温度、电子学噪声等。其中，温度导致的能量展宽约为 $3.2k_BT$。例如，当 $T = 300$ K 时，能量分辨率约为 80 meV；若将温度降至 0.4 K，则能量分辨率可达 0.1 meV。

同时，低温液氦的引入，还可以用于冷却超导线圈产生强磁场，进而使我们能够观测样品在磁场条件下的行为，如磁性原子的近藤效应以及二维电子系统下的朗道能级量子化等。此外，若在 STM 采集样品形貌信息的同时记录下每一个点在某特定偏压下的 $\mathrm{d}I/\mathrm{d}V$，即可得到 $\mathrm{d}I/\mathrm{d}V$ 成像，从而获得固体能带或轨道的空间分布特征。

4.1.2　扫描隧道显微镜在拓扑绝缘体材料研究中的应用

扫描隧道显微镜的隧穿电流随隧道结宽度指数变化，能够进行原子级分辨成像，是一种研究薄膜表面原子结构、缺陷类型的强有力工具。本小节将先简要介绍拓扑绝缘体的 STM 样品制备方法，随后介绍利用 STM 手段研究拓扑绝缘体表面缺陷类型的相关研究。

1. 拓扑绝缘体 STM 样品制备方法

获得材料表面的本征电子结构的首要前提是获得原子级洁净的表面，而依照材料物理化学性质的不同，选择与之相对应的表面结构制备方法至关重要。对于一些化学惰性的材料，如石墨烯或 Au 等，即使长时间暴露在空气中，依然可以保持洁净的本征表面。但是对于一些非化学惰性的材料，如拓扑绝缘体，它们的表面电子结构很容易被 H_2O 或 O_2 破坏。因此，往往需要在超高真空下原位制备

STM 或者 ARPES 表征的样品。下面简要介绍几种常见的拓扑绝缘体材料的 STM 样品制备的方法。

首先，最常用的方法是在超高真空下原位解理块材样品，使之暴露出新鲜的表面。绝大部分的拓扑绝缘体材料，如 Bi_2Se_3、Bi_2Te_3、Sb_2Te_3 等，均具有各向异性的层状晶体结构。机械解理时，拓扑绝缘体层状材料会在范德瓦耳斯间隙分开，得到固定的自然解理面。这一特点大大提升了实验的可重复性并降低了实验结果分析的难度。

另一种制备拓扑绝缘体 STM 或者 ARPES 样品的方法是直接在超高真空条件下，利用 MBE 方法，在导电基底上生长高质量的拓扑绝缘体薄膜。然后在超高真空条件下，将样品原位转移到 STM 或者 ARPES 测试腔体内，进行相关的表征。由于整个过程均在超高真空条件下，H_2O 或 O_2 对表面的污染被极大地减少。

还有一种方法是等离子体刻蚀减薄。利用等离子体，将拓扑绝缘体表面被 H_2O 或 O_2 污染的数个原子层去除，进而暴露出新鲜的表面。但是，等离子体减薄过程中如果等离子枪的功率控制不佳，极容易发生表面还原的现象，影响材料本征信息的获取。

需要指出的是，虽然大量实验证据表明拓扑绝缘体的金属性表面态在受到外界 H_2O/O_2 影响时依然存在，仅仅随时间发生能量空间的位置移动，但是为了尽可能避免该金属性的表面态的退化现象，应尽可能在低温条件下，降低化学反应的速率，并尽量减短将样品转移到超高真空腔体的时间，来保证样品表面的真正洁净。

2. 拓扑绝缘体表面缺陷的 STM 表征

早在三维拓扑绝缘体概念被提出之前，S. Urazhdin 等[1]就系统地利用 STM/STS 方法，结合理论计算，研究了 Bi_2Se_3 的表面缺陷类型，发现 Bi_2Se_3 能隙中存在电子态。当时，他们并未意识到这就是拓扑绝缘体表面态，而是简单地将其归属为缺陷能级。在三维拓扑绝缘体概念被提出以后，人们再次系统地利用 STM 研究拓扑绝缘体 Bi_2Se_3 等的缺陷类型，并理解其掺杂来源等。

拓扑绝缘体的基本特征是样品表面导电，体相绝缘。比较遗憾的是，目前发现的拓扑绝缘体材料体系，如 Bi_2Se_3、Bi_2Te_3、Sb_2Te_3 等，缺陷的形成能很低，这导致所得到的样品均含有不同程度的本征掺杂，体相并不绝缘。而理解其本征缺陷的来源和类型对材料缺陷控制，进而得到本征拓扑绝缘体具有重要意义。如图 4.1（a）所示，S. Urazhdin 等[1]利用 STM 研究发现，富铋条件下生长的 Bi_2Se_3 表面存在大量的"三叶草"形的亮点，并将其归结于 Bi 取代 Se 格点的反位缺陷，表示为 Bi_{Se} ［图 4.1（b）］。同时，他们认为 Bi_{Se} 反位缺陷为 p 型掺杂，而 n 型掺杂贡献主要来源于 Se 空位，表示为 V_{Se}。随后，T. Hanaguri 等[2]也发现类似的"三叶草"形的缺陷类型［图 4.1（c）］。2012 年，D. West 等[3]将自旋-轨道相互作用纳入相关的理论计算中，发现 Bi_{Se} 可由原来的电子受体（p 型掺杂）转变为电子给体（n 型掺杂），并且认为在富铋条件下，V_{Se} 较 Bi_{Se} 具有更低的缺陷形成能，为 Bi_2Se_3 中的 n 掺杂主要贡献来源。

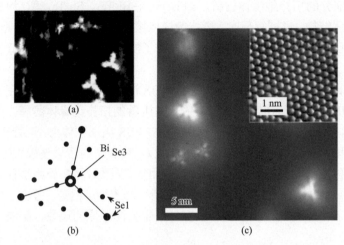

图 4.1　（a）拓扑绝缘体 Bi_2Se_3 的表面 STM 成像，显示大量的"三叶草"形的 Bi_{Se} 反位空位[1]；（b）Bi_{Se} 反位空位的结构示意图[1]；（c）Bi_2Se_3（111）超高真空解理面的 STM 图，展现典型的"三叶草"形的缺陷，插图为原子分辨的 Bi_2Se_3 STM 图[2]

4.1.3　扫描隧道谱在拓扑绝缘体材料研究中的应用

本小节主要介绍利用扫描隧道谱验证拓扑绝缘体表面态新奇的物理性质的研究，包括：①确认拓扑绝缘体表面态狄拉克点的位置；②观测拓扑绝缘体表面态电子驻波，并由此确认拓扑绝缘体表面态受时间反演对称性保护的特点；③将强磁场引入 STS 中用以观测拓扑绝缘体表面态的朗道能级量子化等。

1. 拓扑绝缘体表面态狄拉克点

dI/dV 随偏压变化的曲线，可以反映材料在不同能量位置的电子态密度。角分辨光电子能谱能够直接给出材料的能量-动量色散关系，随后对各个动量空间的电子态进行积分，也可直接获得材料电子态密度（density of states，DOS）随着能量位置的变化关系。因此，STS 的 dI/dV-V 谱和由 ARPES 数据得到的 DOS-V 谱具有相互对应关系。拓扑绝缘体材料的能带特征为具有线性色散的狄拉克锥型表面态。对仅有单个狄拉克锥的拓扑绝缘体 Bi_2Se_3、Bi_2Te_3 来说，其表面态的 DOS 在一定能量范围内也是线性变化的。因此，原则上可以通过测量 dI/dV-V 谱的特殊变化趋势，来指认拓扑绝缘体的狄拉克点、导带底和价带顶的位置，并与 ARPES 相互印证。但需要强调的是，直接通过 STS 无法直接确认材料是否为拓扑绝缘体。

实验上确认材料为拓扑绝缘体的最直接方式是用自旋分辨的 ARPES 来观测材料表面是否具有奇数个非简并的狄拉克锥。STS 仅仅是一个判断材料是否为拓扑绝缘体的间接手段。

在现有的拓扑绝缘体材料中，Bi_2Se_3 的局域电子态密度随能量的变化关系无疑是其中相对简单的。这是因为 Bi_2Se_3 具有较大的体带隙（约 0.3 eV），且其带隙中仅存在单个狄拉克锥。但是，Bi_2Se_3 材料往往存在较严重的 n 型掺杂，其狄拉克点位于 E_F 下 0.3～0.4 eV 处。图 4.2（a）为 Bi_2Se_3 的典型 STS 数据[4]，通过与相应的 ARPES 数据做对比，可以发现拓扑绝缘体 Bi_2Se_3 的狄拉克点位置对应于 dI/dV-V 谱中的极小值处。另外 dI/dV-V 谱中斜率开始出现非线性变化的点处分别对应 Bi_2Se_3 的导带底和价带顶。

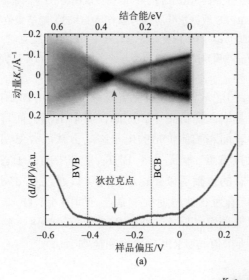

(a)

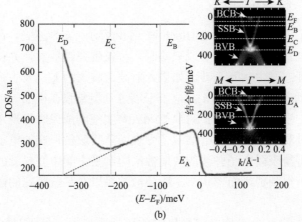

(b)

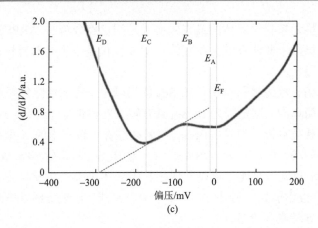

图 4.2　（a）拓扑绝缘体 Bi_2Se_3 样品的 ARPES 动量-能量色散图与 STS 测量的 dI/dV 谱线的对比图[4]；（b）Bi_2Te_3 样品的 ARPES 数据积分所得的态密度（DOS）随能级位置的变化关系[5]；（c）STS 测量的 Bi_2Te_3 样品的 dI/dV 随偏压变化关系。其中，E_D 为狄拉克点；E_F 为费米能级；E_A 为体态导带底；E_B 为拓扑绝缘体表面态开始出现点；E_C 为体态价带顶[5]

　　相较于 Bi_2Se_3，Bi_2Te_3 的能量色散关系要更复杂一些。Bi_2Te_3 的狄拉克点位置并非位于体能隙之中，而是嵌入在价带中。因此，对于 Bi_2Te_3 而言，因其狄拉克点处的隧穿电流同时包含表面态和体价带的电子态的贡献，故 dI/dV 曲线中的极小值并非对应 Bi_2Te_3 的狄拉克点。但是由于 Bi_2Te_3 能隙中的电子态贡献基本来源于线性色散的表面态，体态的贡献可以忽略，因此可以通过对 dI/dV-V 谱中的线性区进行线性外延，dI/dV 值为 0 处即为狄拉克点。如图 4.2（b）、（c）所示，斯坦福大学的 A. Kapitulnik 课题组[5]即通过外延 STS 数据线性区，确定拓扑绝缘体 Bi_2Te_3 的狄拉克点位置，所得值与 ARPES 数据完全吻合。

2. 拓扑绝缘体表面态的电子驻波

　　固体中电子的能量本征态由 Bloch 波 $\Psi_k(r)$ 表示，k 为波矢。在样品表面引入杂质或缺陷，准粒子遇到该杂质或缺陷时，将发生弹性散射，并使同一等能面上不同波矢的本征态发生相互干涉。如果入射波的波矢为 k_a，发生弹性散射之后波矢变为 k_b，则动量改变 $q = k_b - k_a$。电子干涉进一步导致在样品的电子态密度出现波长 $\lambda = 2\pi|q|$ 的周期性振荡，在 STM 的 dI/dV 实空间成像时出现水波纹状的电子驻波图样。通过观测不同能量下准粒子受表面杂质散射形成的电子驻波，并通过傅里叶变换，可得表面电子驻波的周期性，即倒易空间中波矢 q 的大小和方向。甚至可据此分析得到费米面形状、E-K 色散关系以及某些特殊的散射过程等丰富的物理信息。

　　拓扑绝缘体的表面态是自旋极化的狄拉克费米子，且受时间反演对称性保护，背散射被禁阻。而这些性质可体现在拓扑绝缘体表面态奇特的电子的散射过程中，并通过电子驻波进行研究。目前，已有诸多关于利用 STS 研究拓扑绝缘体表面态驻波现象的研究报道，其中最早的是普林斯顿大学的 Yazdani 研究组。2009 年，他们报道了 $Bi_{1-x}Sb_x$ 合金（$0.07 < x < 0.22$）表面态的 STM/STS 研究结果，发现了表面态电子背散射被禁阻的现象[6][图 4.3（a）]。通过对 $Bi_{1-x}Sb_x$ 合金进行 dI/dV 成像扫描，他们发现其表面存在电子干涉条纹。进一步分析表明，$Bi_{1-x}Sb_x$ 合金的表面态的散射呈现 8 个不同方向，唯独缺少背散射矢量，即背散射禁阻。而这 8 种不同方向的散射来源于 $Bi_{1-x}Sb_x$ 合金不同的狄拉克锥之间的散射。

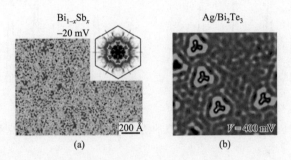

图 4.3　几种典型的拓扑绝缘体表面态电子驻波。（a）$Bi_{1-x}Sb_x$[6]；（b）在表面低温沉积了少量 Ag 原子的 Bi_2Te_3 薄膜[7]

　　同年，清华大学的薛其坤课题组[7]用 MBE 生长的高质量 Bi_2Te_3 薄膜表面低温沉积了少量的 Ag 原子，然后对涵盖 Ag 原子的区域进行 dI/dV 成像扫描，得到电子态密度的空间分布。如图 4.3（b）所示，Bi_2Te_3 薄膜表面的单个 Ag 原子表现为类三聚体的结构，并在 Ag 原子周围出现了清晰的电子干涉条纹。电子驻波的出现表明表面态的存在，因为体态电子不同波矢的电子驻波会发生相互交叠，所以难以观测到清晰的电子干涉条纹。而表面态的电子干涉往往可产生清晰的电子驻波现象，并与偏压具有确定的关系。

　　不久后，斯坦福大学的 Kapitulnik 研究组[5]研究了 Sn 掺杂和 Cd 掺杂的单晶 Bi_2Te_3 样品表面的台阶边缘处的电子散射行为，观察到了清晰的电子驻波现象。随后他们进一步分析了电子驻波的振幅随距离的缩减关系，发现其背散射禁阻，并且验证了其表面态等能面的六角雪花状结构。

3. 拓扑绝缘体表面态的朗道能级量子化

　　在均匀磁场下，传统二维电子气本来连续的能级将形成一系列等能量间隔的分立能级，即朗道能级［图 4.4（a）］。对于狄拉克费米子，其波函数由狄拉克方程描

述，其哈密顿量表示为 $H = -\hbar v_F k \sigma$，其中，$k = -i\nabla = -i\left(x\dfrac{\partial}{\partial x} + y\dfrac{\partial}{\partial y} \right)$，$v_F$ 为费米速度，σ 为 Pauli 矩阵，$\sigma = \sigma_x x + \sigma_y y + \sigma_z z$。在均匀磁场中，狄拉克费米子同样形成一系列分立能级，而这些能级并非等能量间隔 [图 4.4（b）]，而是由 $E_n = E_D + \mathrm{sgn}(n)\sqrt{2e\hbar|n|B}$ $(n = 0, \pm 1, \pm 2, \cdots)$ 给出，其中 E_D 为狄拉克处能量值。当 $n = 0$ 时，$E = E_D$，也就是说，在狄拉克点处存在一个朗道能级。

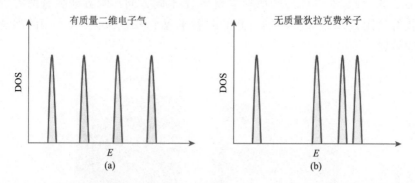

图 4.4 （a）普通的有质量的二维电子气的朗道能级；（b）二维狄拉克费米的朗道能级

早在 1998 年，汉堡大学的 Wiesendanger 研究组[8]就利用 STS 获得了 InAs（110）表面的朗道能级峰。随后，STS 朗道能级峰被广泛应用于高定向热解石墨（HOPG）和单层石墨烯的研究中。例如，2009 年 Strocio 研究组[9]在 SiC 外延生长的单层石墨烯表面成功地利用 STS 观测到清晰明锐的朗道能级峰，并发现其 $E_n \propto \sqrt{|n|B}$ 的严格线性相关，说明单层石墨烯中确实存在狄拉克费米子。拓扑绝缘体的表面态同样具有线性色散的狄拉克费米子，原则上利用 STM/STS 技术，在强磁场条件下，也能观测到类似于石墨烯的朗道能级。

2010 年，清华大学的陈曦、马旭村研究小组在 SiC 上外延生长的石墨烯基底上制备出了高质量的 Bi_2Se_3 薄膜，随后研究了 Bi_2Se_3 薄膜的 dI/dV 谱随磁场强度的变化关系[10]。如图 4.5（a）所示，零磁场下的 STS 谱为平滑的曲线。随着磁场强度的增加，逐渐可出现清晰的朗道能级峰，且相邻峰之间的间距随着偏压的增加而递减。朗道能级峰的非等间距的现象表明狄拉克点的存在。随后，对不同的磁场下的各个朗道峰进行高斯拟合 [图 4.5（b）]，结果表明在费米面附近，E_n-$\sqrt{nB}$ 基本呈线性关系，有力地证明了 Bi_2Se_3 薄膜线性色散的狄拉克表面态的存在。

二维电子的朗道能级对于表面缺陷散射十分敏感，缺陷浓度的增加可能导致磁场下朗道能级的消失。如图 4.6 所示，陈曦、马旭村研究小组利用低温蒸镀的方法在 Bi_2Se_3 表面沉积了不同浓度的 Ag 原子，观察其对朗道能级的抑制

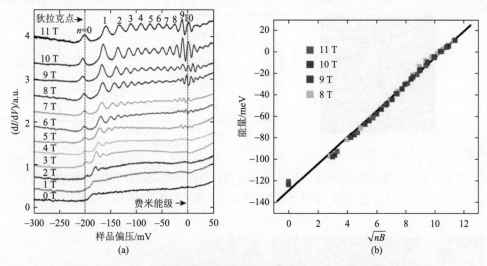

图 4.5 （a）Bi_2Se_3 薄膜的朗道能级随磁场的变化[10]；（b）经过修正之后
的朗道能级与 $\sqrt{nB}$ 呈线性关系[10]

作用。由图可知，在表面 Ag 原子密度很低时，11 T 磁场下依然可以得到十分
清晰明锐的朗道能级峰。随着 Ag 原子密度的增加，朗道能级峰逐渐变弱，最
后完全消失。Bi_2Se_3 薄膜朗道能级受表面吸附原子影响的显著变化，间接证明
朗道能级由表面态产生。

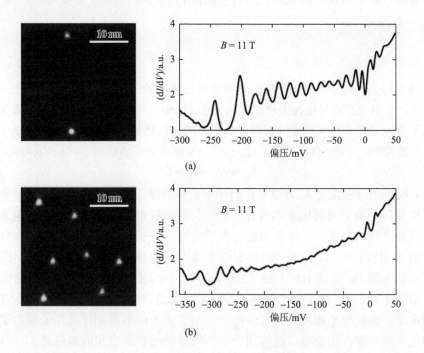

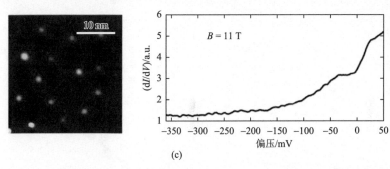

图 4.6 Bi$_2$Se$_3$ 薄膜表面不同覆盖度的 Ag 原子对拓扑绝缘体表面态朗道能级的抑制[10]。（a）～（c）随表面 Ag 原子密度的增加，朗道能级峰逐渐变弱，最后消失

4.2 ▶▶ 角分辨光电子能谱

在凝聚态物理中，研究材料的电子结构对理解材料的物理性质有至关重要的作用。在晶体中，电子近似在原子实的周期性势场中运动。周期性势场的差异会导致不同的电子能量-动量色散关系。而晶体中电子的这种色散关系与其物理性质直接相关，角分辨光电子能谱（ARPES）可以直接探测电子的能量-动量分布，是测量晶体电子结构最直接有效的手段。本节将首先介绍 ARPES 的基本原理、仪器发展，随后概述 ARPES 在拓扑绝缘体研究中扮演的几个重要角色。

4.2.1 角分辨光电子能谱基础

1. 角分辨光电子能谱理论基础

顾名思义，角分辨光电子能谱是有角度分辨本领的光电子能谱，基本原理是光电效应。光电效应最早由德国物理学家赫兹（Herz）于 1887 年发现，随后爱因斯坦以光子学说对其进行了完美的解释。其描述的是：当原子的内层电子或价电子吸收足够高能量的光子时，会离开原子成为光电子，而光电子的动能 E_K 可表示为式（4.5）：

$$E_K = h\nu - E_b - \Phi \tag{4.5}$$

式中，$h\nu$ 为光子能量；E_b 为电子在原子中的结合能；Φ 为样品功函数。用单色光照射样品后，测定发射出来的所有光电子的能量就得到光电子能谱。光电子能谱根据激发光源的不同，分为 X 射线光电子能谱（XPS）和紫外光电子能谱（UPS）。前者用 X 射线管的 Al K$_\alpha$ 线（1486.6 eV）或 Mg K$_\alpha$ 线（1253.6 eV）激发，而后者用辉光放电的 He 灯的 He Ⅰ线（21.2 eV）或 He Ⅱ线（40.8 eV）获得光电子能谱。如图 4.7 所示，由于光子能量不同，X 射线通常激发内壳层能级（或芯能级）上的电子，而紫外光激发的是价带电子。XPS 由于能够得到样品原子的内层结合能和化学键信息，因此被广泛应用于分析样品的元素组成和成键信息。

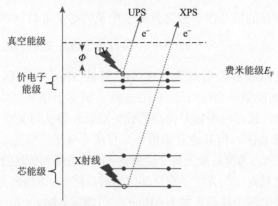

图 4.7   X 射线和紫外光（UV）激发不同壳层电子的示意图

通常的光电子能谱仅仅测量光电子的能量，并不记录它的动量信息。实际上，由于光电子测量中还伴随入射光子的角度信息，因此，原则上通过角度分辨的能量分析器，除了可以获得电子能量信息外，还可以获得电子动量信息。如图 4.8 所示，一束高强度单色光以特定的角度入射单晶样品时，激发出的光电子的波矢 $K = p/\hbar$，其模量为 $\sqrt{2mE_\mathrm{K}}/\hbar$。波矢垂直于表面的分量为 K_z，平行于表面的分量为 $K_{//} = K_x + K_y$，其方向可由极角 θ 和方位角 φ 决定。其中各分量的公式如式（4.6）所示。

$$K_x = \frac{1}{\hbar}\sqrt{2mE_\mathrm{K}}\sin\theta\cos\varphi$$

$$K_y = \frac{1}{\hbar}\sqrt{2mE_\mathrm{K}}\sin\theta\sin\varphi$$

$$K_z = \frac{1}{\hbar}\sqrt{2mE_\mathrm{K}}\cos\theta \tag{4.6}$$

$$K_{//} = \frac{1}{\hbar}\sqrt{2mE_\mathrm{K}}\sin\theta$$

获得的光电子能谱由于具有角度分辨的信息，因此称之为角分辨光电子能谱。将探测到的不同方向出射的光电子的角度转化为动量，从而可以获得光电子能量和动量的色散关系。

另外，根据公式，动量分辨率可以近似表示为 $\Delta K_{//} = \frac{1}{\hbar}\sqrt{2mE_\mathrm{K}}\cos\Delta\theta$。由此可见，当其他测量条件相同时，入射光子能量越小，将具有越高的动量分辨率。因此，通常 ARPES 实验中采用 $h\nu < 100$ eV 的紫外光来

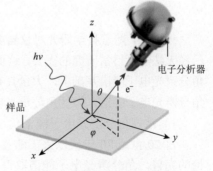

图 4.8   角分辨光电子能谱原理示意图[11]

激发光电子。其额外的好处在于数据分析中光子的动量可以忽略。以 100 eV 的光子为例，其动量为 $K_{hv} = \dfrac{2\pi}{\lambda} = 0.05\ \text{Å}^{-1}$，仅占布里渊区的百分之几。

ARPES 的光源通常采用辉光放电 He 灯的 He I 线单色光，光子能量为 21.2 eV，光电子的能量分辨率可达 1～2 meV。国际上很多同步辐射光源上均配备了 ARPES 装置，采用同步辐射光源的优势可以获得从可见光到 X 射线的宽波段的高亮度的连续光源，但其也有造价和运行成本高昂的缺点。为了兼顾分辨率和成本，目前以激光为光源的激光角分辨光电子能谱也得到长足的发展。如图 4.9 所示，不同的光子能量对应的光电子穿透深度不同。结合 ARPES 光源的能量范围，可知所得信息主要来源于样品表面 1～10 nm，这表明 ARPES 是一种极其表面灵敏的探测手段。

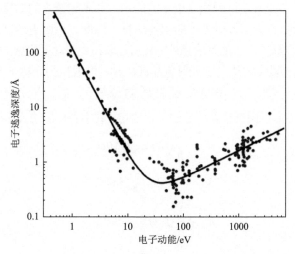

图 4.9　固体中光电子的平均自由程与激发光子能量之间的关系[12]

2. 角分辨光电子能谱仪

近年来，随着科学研究对仪器要求的日益提高，单纯的测量电子的动量和能量已经无法满足日常研究的需要，这促使了角分辨光电子能谱仪的快速发展。在常规角分辨光电子能谱基础上，大量具有附加功能的 ARPES 相继被开发，如自旋分辨角分辨光电子能谱、微区角分辨光电子能谱、时间分辨角分辨光电子能谱等。

1）常规角分辨光电子能谱仪

自 20 世纪 70 年代以来，随着超高真空技术、电子探测技术以及光电发射理论的完善，角分辨光电子能谱取得了飞速的发展。欲准确探测样品表面出射光电子的能量，需要确保光电子在到达能量检测器前不受其他杂质的散射影响而造成能量损失，因此需要超高真空的实验条件。此外，为尽可能去除热扰动和表面反应的发生，往往需要对样品做变温测量。光源单色性、波长以及探测器的种类决定了角分辨光电子能谱仪的能量分辨率和动量分辨率。

一般而言，一个常规的角分辨光电子能谱仪核心部件包括光源、低温可转动样品台和能量分析器三个部分。图 4.10 为常规 ARPES 实际装置示意图。

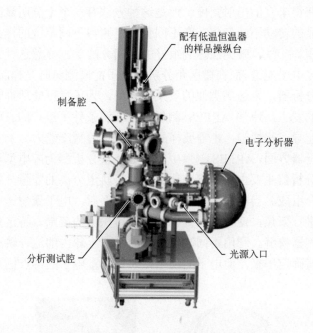

图 4.10　ARPES 实际装置示意图[11]

在光源方面，目前用于角分辨光电子能谱仪的光源主要有三种：辉光放电光源、同步辐射光源和激光光源。①辉光放电光源是利用惰性气体（如 He）在高压下发生辉光放电效应，产生特征紫外光。通常所产生的光含有多个波段，需要利用光栅滤光，挑选强度高的单一波长的光作为光源。由于该光源为非准直光源，通常需要利用光纤将光输送到样品表面，而光斑的大小取决于光纤大小，一般做不到太小。②同步辐射光源利用电子在加速器中运动产生光子，产生的光的波长范围广、强度高、准直性好。我们可以根据实验需要，快速切换不同能量的入射光，而且光斑大小可调，最小可达数百纳米量级。但同步辐射光源由于线宽和光子强度的互相制约，能量分辨率受限。③激光具有高准直性和单色性好的特点，但是由于一般激光的光子能量接近于材料的功函数，因此无法用作 ARPES 光源。而深紫外倍频激光技术可增大电子能量，使其可用作 APRES 光源。激光方便聚焦，可实现微区探测。而普通激光主要缺点是光子能量低（<10 eV），因而动量

空间范围涵盖不足，且容易产生荷电效应。近期发展的自由电子激光是依靠在磁场中运动的电子束的动能转化为光子能量，可调波长范围涵盖微波、远红外、可见光、紫外、X 射线等。这无疑给激光 ARPES 带来了新的机遇。

在低温可转动样品台方面，要获得完整的动量空间的能带信息，需要保证电子的出射角度足够丰富。通常情况下，通过转动样品台来改变样品和入射光的相对角度，进而获得丰富的出射角度。但是这种方法有一个十分明显的缺点，光圈范围会随着样品的转动不断变化，在不同角度下测得不同范围的样品信息，若样品不具有大面积均一性，就无法达到很好的空间分辨率。显然这种方法无法适用于微区角分辨光电子能谱。而在微区角分辨光电子能谱测量时是样品台保持不动，通过转动能量分析器，来达到类似的效果。另外，为了尽可能地抑制温度扰动和表面化学反应的发生，通常 ARPES 测量是在低温条件下进行的。而一些特定的研究体系，如超导、磁性等，也需要样品台有一定的制冷能力。

在能量分析器方面，ARPES 测量中常用的能量分析器为静电型半球形分析器（图 4.11）。该分析器主要由电子聚焦透镜、电子轨道分离的能量分析器和信号采集放大三个部分组成。当样品中电子脱离样品表面后，电子聚焦透镜对飞出的电子加速或减速进行聚焦，使其能量处在分析器可探测的范围。特定角度范围的电子方可通过探测器狭缝。利用不同高能量的电子在半球内的运行轨道不同，可以将电子的能量值确定出来。而电子的动量是通过测量电子的落点位置得到的。

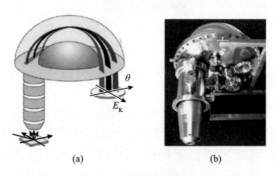

(a)   (b)

图 4.11　静电型半球形探测器的原理示意图（a）和实物图（b）[11]

2）自旋角分辨光电子能谱仪

除动量、能量外，自旋是电子的另一个重要参量。自旋分辨角分辨光电子能谱可以一次性探测电子的动量、能量和自旋三个参量。

目前使用最广泛的自旋极化探测装置是基于莫特散射（Mott scattering）原理的莫特探测器。莫特散射的本质是利用强的自旋轨道耦合，使自旋向下和自旋向上的电子在某一方向上具有不同的散射概率。通常，当光电子从样品表面逃逸以后，通过高压电场（>2.5 kV）被加速，高速入射到金箔靶。电子在散射过程中和重原子核发生强的自旋轨道耦合，不同自旋方向的电子被散射到不同的角度上，因而具备电子自旋分辨的本领。莫特探测器具有探测能力稳定的特点，但因每次仅可探测单个动量点的自旋，故探测效率不高。欲得到可靠的电子自旋分辨的能带信息，需要大量的数据统计和足够的动量点来描述，因此耗时很长。后续发展的超低能电子衍射（very low energy electron diffraction，VLEED）探测器利用不同自旋的电子与磁性薄膜相互作用时被吸收和被反射概率不同的原理，大幅提高了探测器的效率。同时，探测效率的提高大幅缩短了电子自旋的测量时间，在一定程度上避免了光掺杂等问题，确保了测量的准确性。例如，中国科学院上海微系统与信息技术研究所最近搭建的装备 VLEED 探测器的自旋分辨角分辨光电子能谱，可实现 6787 通道同时测量，效率大幅提高。而 VLEED 探测器的主要问题是寿命短，需及时更换或矫正。

3）空间分辨角分辨光电子能谱仪

随着纳米材料科学的日益发展，人们迫切希望了解单个纳米片或者器件的电子能带结构，并将其与纳米材料的宏观性质联系起来。常规的 ARPES 的光斑大小在百微米级，大于大多数单个纳米片的尺寸，因此对此束手无策。近年来，随着光源聚焦系统的日益发展，人们通过引入菲涅耳波带片等可将 ARPES 的光源聚焦到百纳米量级，可实现材料微区电子结构的探测，为纳米物理、新器件的研究提供了有力的实验手段[13, 14]。当然，空间分辨率的提升往往需要在一定程度上牺牲角分辨光电子能谱的能量分辨率和动量分辨率。

4）时间分辨角分辨光电子能谱仪

基于飞秒、阿秒激光器的超快光谱可以用来探测材料内部的动力学特征。近年来发展的时间分辨角分辨光电子能谱可以用来探测材料内部从非平衡态到平衡态的响应过程，也可以用来探测材料未占据态的电子结构。具体做法如图 4.12[15] 所示，探测需要用到两束飞秒脉冲激光。先使用一束光将电子激发到未占据态上，再用另一束光将激发到未占据态的电子激发出来，进行能量-动量探测，从而

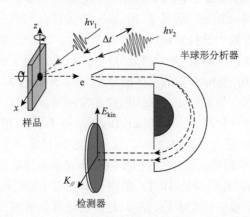

图 4.12 利用飞秒泵浦激光技术的时间分辨角分辨光电子能谱示意图[15]

实现探测材料未占据态能带的目的。目前基于泵浦激光技术的时间分辨角分辨光电子能谱已经用于理解电荷密度波化合物、莫特绝缘体、高温超导体和拓扑绝缘体等材料的微光电子结构和电子激发的动力学过程。

4.2.2 拓扑绝缘体的角分辨光电子能谱

与普通绝缘体相比，拓扑绝缘体的特殊性在于其具有拓扑非平庸的电子能带结构。而角分辨光电子能谱是最直接的观测晶体电子能带结构的方式。因此，角分辨光电子能谱技术在推动拓扑绝缘体领域发展方面，具有不可取代的作用。回顾拓扑绝缘体的发展历史不难发现，拓扑绝缘体材料体系由二维拓扑绝缘体逐渐过渡到三维拓扑绝缘体。而二维拓扑绝缘体的边缘态存在于边缘的数纳米之内。因此，碍于空间分辨率，角分辨光电子能谱在二维拓扑绝缘体研究上难以发挥功用。而在三维拓扑绝缘体体系，无论是三维强的拓扑绝缘体，如 $Bi_{1-x}Sb_x$ 合金、Bi_2Se_3 等，还是拓扑晶体绝缘体，其金属性的表面态分布于二维平面内。因此拓扑绝缘体表面态探测转化为二维表面电子的能量、动量、自旋的探测问题，这与角分辨光电子能谱的功能完美契合。自 2008 年 Hasan 研究组[16]用 ARPES 确立第一个三维拓扑绝缘体 $Bi_{1-x}Sb_x$ 合金以来，ARPES 被广泛应用于拓扑绝缘体研究。尽管相关文献卷帙浩繁，无法一一枚举，但是主要是围绕以下两点展开研究的：①新拓扑绝缘体材料体系的确认；②观测拓扑绝缘体表面态的演化。

1. 新拓扑绝缘体材料体系的确认

2007 年，Fu 和 Kane[17]在一篇理论工作中提出一种甄别三维拓扑绝缘体的简便方法，根据表面态在布里渊区两个时间反演不变点之间穿越费米能级的次数确定：奇数次为拓扑绝缘体，偶数次为普通绝缘体。利用此方法，他们预言 $Bi_{1-x}Sb_x$ 合金在 x 处于 0.07 到 0.22 之间时为三维拓扑绝缘体。不久后，普林斯顿大学的 Hasan 研究组[16]利用 ARPES 研究了 $Bi_{1-x}Sb_x$ 合金样品的电子能带结构，观测到 $Bi_{0.9}Sb_{0.1}$ 合金存在奇数个狄拉克锥型表面态的现象，第一次实验证实了三维拓扑绝缘体的存在［图 4.13（a）］。随后自旋分辨 ARPES 证明了表面态电子具有自旋极化的特点。然而 $Bi_{1-x}Sb_x$ 合金具有体能隙小（约 50 meV）、化学结构无序和表面态结构复杂的特点，使进一步深入的研究非常困难。随后，科学家们找到了一类新的三维拓扑绝缘体材料[18, 19]：Bi_2Se_3、Bi_2Te_3、Sb_2Te_3 等。相关的理论和 ARPES 数据表明，其体能隙最大可达 0.3 eV，且表面态仅包含单个狄拉克锥结构，比 $Bi_{1-x}Sb_x$ 的表面态简单得多，这为三维拓扑绝缘体表面态性质的研究提供了很大便利。图 4.13（b）为拓扑绝缘体 Bi_2Te_3 的角分辨光电子能谱图[20]。这一类三维拓扑绝缘体很快引起了很多研究者的兴趣，是目前研究最多的拓扑绝缘体材料。三维拓扑绝缘体绝大部分有趣的性质和量子效应来源于位于体能隙中的狄拉克表面态。但是，由于 Bi_2Se_3 等拓扑绝缘体材料属于窄带隙半导体，合成过程容易生成空位或反占位式缺陷。针对该问题，一系列以 Bi_2Se_3、Bi_2Te_3 为母体的三元拓扑绝缘体，如 Bi_2Te_2Se 被陆续开发出来[21]。主要利用 Bi_2Te_2Se 中特殊的五倍层排列顺序 Te-Bi-Se-Bi-Te，在一定程度上减少空位和反占位缺陷的产生。图 4.13（c）为一种新型的拓扑绝缘体 $TlBiTe_2$ 的角分辨光电子能谱图[22]。

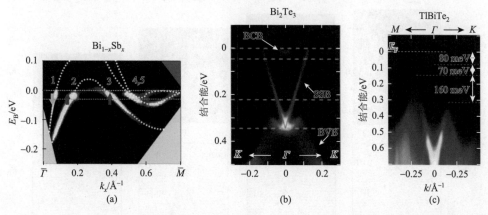

图 4.13　几种三维拓扑绝缘体材料的 ARPES 表征。(a) $Bi_{1-x}Sb_x$[16]；(b) Bi_2Te_3[20]；(c) $TlBiTe_2$[22]

　　另外，拓扑绝缘体的理论和实验研究，推动了其他拓扑量子材料的研究，如拓扑晶体绝缘体（$Pb_{1-x}Sn_xTe$[23]、$SnTe$[24]）和拓扑半金属（Na_3Bi[25, 26]）等。而角分辨光电子能谱在研究其电子能带结构方面同样发挥着无法取代的作用。

　　2. 观测拓扑绝缘体表面态的演化

　　拓扑绝缘体绝大部分有趣的性质和量子效应均来源于位于体能隙中的狄拉克表面态，且其能带结构的拓扑特征决定了拓扑绝缘体对细节和连续变化不敏感。因此，原则上，拓扑绝缘体表面具有对缺陷、非磁性杂质掺杂等细节不敏感的物理性质，而角分辨光电子能谱是研究拓扑绝缘体表面态随其他物理量（如掺杂、表面吸附、自旋轨道耦合作用、有限尺寸效应等）演变规律的有力手段。

　　为了验证拓扑绝缘体表面态是否受费米能级移动的影响，斯坦福大学的沈志勋课题组[7]利用角分辨光电子能谱研究了不同 Sn 掺杂浓度（p 型掺杂剂）的 $Sn_\delta Bi_{2-\delta}Te_3$ 的电子能带结构，其中 $\delta = 0 \sim 0.9\%$。由图 4.14 可知，当 $\delta = 0$ 时，Bi_2Te_3 呈现弱的 n 型掺杂，在能隙间存在明显的线性色散的狄拉克锥型表面态。且拓扑绝缘体表面态呈现"六角形"，表明不同表面的表面态费米速度的各向异性。随着 Sn 掺杂浓度逐渐增大至 $\delta = 0.9\%$ 时，费米能级逐步下移，最后由 n 型变为弱的 p 型。但是在整个掺杂浓度范围内，拓扑绝缘体表面态始终存在，并未因费米能级的移动而消失，证明拓扑绝缘体表面态确实具有对非磁性掺杂不敏感的特点。

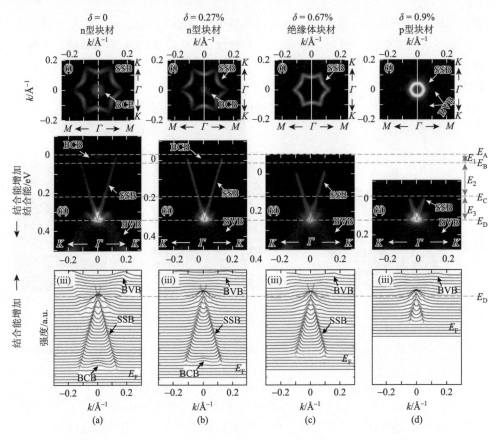

图 4.14 Sn 掺杂 Bi_2Te_3 拓扑绝缘体（$Sn_\delta Bi_{2-\delta}Te_3$）的 ARPES 数据[7]。（a）$\delta = 0$；（b）$\delta = 0.27\%$；（c）$\delta = 0.67\%$；（d）$\delta = 0.9\%$

  拓扑绝缘体 Bi_2Se_3 表面在空气中可能会吸附 H_2O/O_2，甚至与之发生化学反应。针对"拓扑绝缘体表面态在空气中是否稳定"的问题，人们对此进行了精细的 ARPES 研究。德国马克斯-普朗克研究所的 Christian R. Ast 研究小组[27]用角分辨光电子能谱观察表面 H_2O 吸附对 Bi_2Se_3 的电子掺杂效应。由图 4.15 可知，随着水蒸气量的增加，拓扑绝缘体 Bi_2Se_3 出现了明显的 n 型掺杂效应，且出现了量子阱态。其他课题组的 ARPES 实验结果与之类似[28]，表面吸附可造成拓扑绝缘体的费米能级，甚至狄拉克点的位置发生移动，但线性色散的表面态始终存在。

  相关理论预言，磁性掺杂会在拓扑绝缘体表面态的狄拉克点处打开一个带隙[图 4.16（a）]。为了对其在实验上进行验证，斯坦福大学的沈志勋课题组[29]利用角分辨光电子能谱，研究了 1% Mn 掺杂的 Bi_2Se_3 拓扑绝缘体的电子能带结构。数据表明[图 4.16（b）]，Mn 掺杂可以在拓扑绝缘体 Bi_2Se_3 的狄拉克点处打开 7 meV 的能隙，与理论预言一致。

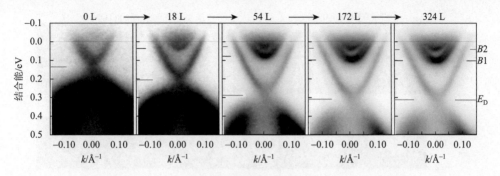

图 4.15　表面 H_2O 吸附量对拓扑绝缘体 Bi_2Se_3 表面态的影响[27]

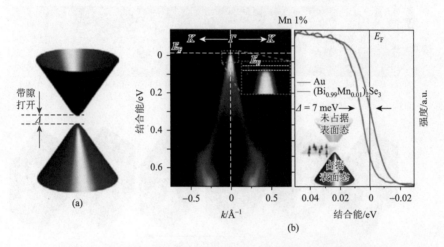

图 4.16　磁性 Mn 原子掺杂的 Bi_2Se_3 拓扑绝缘体的 ARPES 数据[29]

拓扑绝缘体的形成本质是强的自旋轨道耦合作用，导致奇数次能带结构反演。大量的理论研究表明，可以通过调节材料的自旋轨道耦合作用将一个非拓扑绝缘体转变为拓扑绝缘体，反之亦然，即发生拓扑相变。调节材料中轻元素与重元素的比例是调节材料的自旋轨道耦合作用的有效方式。为了在实验上验证该原理，普林斯顿大学的 Hasan 研究组[30]通过改变材料 $BiTl(S_{1-\delta}Se_\delta)_2$ 中 S 与 Se 的相对比例，通过角分辨光电子能谱，直接观测到随着材料中重元素 Se 元素的逐步增加，材料由普通的半导体向拓扑绝缘体转变的完整过程（图 4.17）。

如果将一个三维拓扑绝缘体材料的厚度减小到与电子的德布罗意波长相似时，上下表面电子的波函数将发生重叠、耦合，进而使表面态的狄拉克点处打开一个带隙，发生三维拓扑绝缘体向二维拓扑绝缘体或者普通绝缘体的转变。针对这一问题，清华大学薛其坤研究组[31]利用分子束外延技术，在双层石墨烯终止的 6H-SiC（0001）基底上外延生长了不同层数的 Bi_2Se_3 薄膜。图 4.18 为层

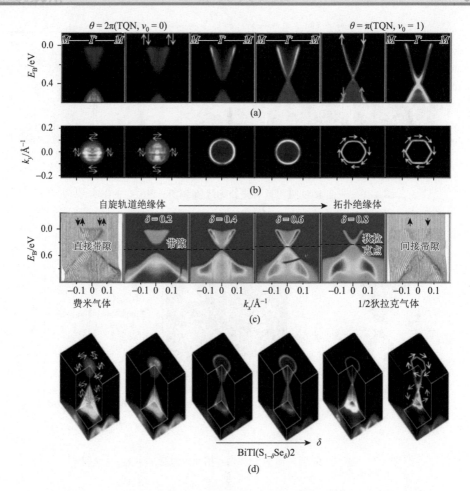

图 4.17 改变 BiTl$(S_{1-\delta}Se_\delta)_2$ 中 S 与 Se 的相对比例，调节自旋轨道相互作用，使 BiTl$(S_{1-\delta}Se_\delta)_2$
逐渐由普通半导体转变为拓扑绝缘体[30]

厚为 1~6 QL 的 Bi$_2$Se$_3$ 的 ARPES。从图中可以看出，当膜厚小于 6 QL 时，原
本无能隙的表面态开始出现能隙。且与厚度为 6 QL 和 50 QL 的 Bi$_2$Se$_3$ 样品的狄
拉克点的位置进行对比，发现薄层样品的狄拉克点明显下移，远离费米能级，
说明基底对薄层样品存在一定程度的掺杂。结合理论计算，作者认为薄层的
Bi$_2$Se$_3$ 可能为二维拓扑绝缘体。但同时指出，常规 ARPES 测量只能反映能隙的
大小，无法证实薄层 Bi$_2$Se$_3$ 为二维拓扑绝缘体。若进一步确证，需结合电学输
运测量证明是否存在量子自旋霍尔效应，或者利用 STM/STS 测量是否存在金属
性的边界态。

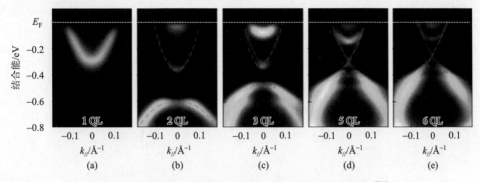

图 4.18 层厚为 1~6 QL 的 Bi_2Se_3 薄膜的 ARPES 测量[31]

4.3 拓扑绝缘体的电学输运测量

拓扑绝缘体具有十分特殊的自旋极化线性色散的表面态，具有受时间反演对称性保护和背散射禁阻的特点，这在本质上决定了其具有十分独特的电学输运行为。本节将从量子相干效应、反弱局域化效应、舒布尼科夫-德哈斯（Schubnikov-deHass）量子振荡、量子霍尔效应、量子自旋霍尔效应、量子反常霍尔效应等六个方面概述拓扑绝缘体的电学输运行为。

4.3.1 量子相干效应

在低温下，电子的波函数可以在经历多次弹性散射之后仍然保持相干性。当具有相同频率的两束电子在一个闭合金属环的相反方向运动时，在垂直于路径平面的磁场条件下，电子发生周期干涉增强的现象——阿哈罗诺夫-玻姆效应（Aharonov-Bohm effect），即 AB 效应。而在不同的材料体系会单独或同时存在 h/e 和 $h/2e$ 两种振荡周期。例如，R. A. Webb 等[32]在亚微米的 Au 环上同时看到了 h/e 和 $h/2e$ 两种振荡（图 4.19）。而早期在 Bi 环和超导环上又分别看到了 h/e 和 $h/2e$ 两种振荡周期。

拓扑绝缘体具有表面导电、体态绝缘的特点。如果样品体态电导被抑制，则拓扑绝缘体纳米线的横截面相当于一个 AB 环，也应该出现类似的振荡效应。因此 AB 效应是探测拓扑绝缘体表面输运的一种很好的手段。斯坦福大学崔屹、彭海琳等[33]率先在化学气相沉积法生长的 Bi_2Se_3 纳米带上观测到显著的磁阻周期性振荡的现象（图 4.20）。经过傅里叶变换，崔屹、彭海琳等发现振荡同时存在 h/e 和 $h/2e$ 两种振荡周期，但以 h/e 振荡周期为主。随后，美国加利福尼亚大学洛杉矶分校的王康龙课题组[34]在溶液法合成的 Bi_2Te_3 纳米线上观察到类似的量子干涉现象。拓扑绝缘体 AB 效应的观测在电学输运上证明了拓扑绝缘体确实具有表面导电、体相绝缘的特点。但是随后的研究表明，拓扑绝缘体 Bi_2Se_3、Bi_2Te_3 等材料暴露于空气中时，在表面可能会存在平庸的二维量子阱态[28]。因此，我们并不能直接将其归结于拓扑绝缘体

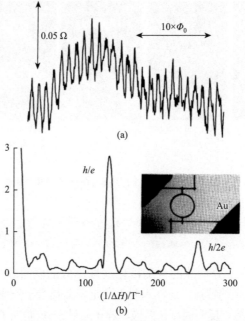

图 4.19 Au 环的 AB 效应，同时存在 h/e 和 $h/2e$ 两种振荡周期[32]

狄拉克锥型表面态的电导贡献。同时，进一步的理论研究表明[35, 36]，拓扑绝缘体狄拉克锥型表面态的磁阻随磁场的振荡周期应该为 $h/2e$。因此，要真正实现拓扑绝缘体表面态的输运性质探究，需要对拓扑绝缘体表面结构、化学势等进行更为精细的调控。

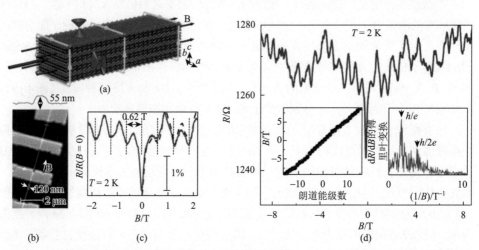

图 4.20 拓扑绝缘体 Bi_2Se_3 纳米结构的 AB 量子效应[33]。（a）表面态 AB 效应示意图；（b）Bi_2Se_3 纳米线的扫描电子显微镜照片；（c）2 K 条件下，Bi_2Se_3 相对零磁场电阻 $R/R(B=0)$ 随磁场周期性变化；（d）另一个 Bi_2Se_3 器件的相对零磁场电阻 $R/R(B=0)$ 随磁场周期性变化，显示出 h/e 和 $h/2e$ 两种频率

4.3.2 反弱局域化效应

拓扑绝缘体的表面态电子具有自旋-动量锁定的特征,这导致时间反演对称的两个相反的闭合路径上电子的波函数会发生相消干涉,进而抑制表面电子的背散射现象。而若施加垂直磁场,时间反演对称性将被破坏,使磁阻增加,因此在零磁场情况下磁阻存在一个极小值,这就是"反弱局域化"(weak anti-localization,WAL)效应。磁致电导率可以表示为以下方程式(4.7):

$$\Delta\sigma(B) \cong \alpha \cdot \frac{e^2}{\pi h} \left[\Psi\left(\frac{1}{2} + \frac{B_\varphi}{B}\right) - \ln\left(\frac{B_\varphi}{B}\right) \right] \tag{4.7}$$

式中,Ψ 为 digamma 函数;$B_\varphi = \dfrac{\hbar}{4De\tau_\varphi}$,为与电子退相干时间 τ_φ 相关的特征场;D 为扩散常数;α 为常数,对于拓扑绝缘体的一个表面取值为 1/2。同样,对于一些具有很强的自旋轨道耦合作用的普通二维电子体系,如 Au、Pt、Bi 等重金属薄膜,常数 α 也为 1/2。

对拓扑绝缘体薄膜而言,存在上下两个表面,且它们的电子输运独立且基本等价。因此当体电导被抑制时,理应得到 $\alpha = 1$ 的结果。然而,由于所得拓扑绝缘体材料 Bi_2Se_3 的费米能级通常位于导带中,表面态的电导贡献很容易被淹没在大量的体态电子中,在很宽的载流子范围内,所得到的 WAL 拟合的 α 均为 1/2。如图 4.21 所示,中国科学院物理研究所的吴克辉等[37]研究了栅压调制的拓扑绝缘体 Bi_2Se_3 的 WAL 现象。他们利用 MBE 方法,在高介电常数的 $SrTiO_3$ 基底上生长了拓扑绝缘体 Bi_2Se_3 薄膜。他们发现当 V_G 从 –50 V 变化到 –150 V 时,Bi_2Se_3 的费米能级可以被逐渐调至带隙内,且相关的 WAL 现象发生了相应较大的变化[图 4.21(a)]。但是通过拟合,他们发现 α 始终接近 1/2。其随后的工作对此给出了解释,认为 α 接近 1/2 可能的原因有两个:一种解释是体电子与表面电子散射严重,使本来分开的 3 个导电通道混合为一个;另一种解释是样品中表面态电子和体相的电子通道的退相干长度相差甚大,导致某一通道在量子输运中占据了主导地位。他们进一步利用栅控能力更强的 Bi_2Se_3 样品得到了 α 接近 1 的类型[38]。如图 4.21(b)所示,样品的反弱局域化特征随栅极显著变化。在高载流子浓度区(正栅压或未施加栅压),α 接近 1/2。而在低载流子浓度区($V_G < $ –50 V),体电导受到显著抑制,α 拟合值开始从 1/2 向 1 转变。他们认为,当体电导被抑制时,上下两个表面的输运通道脱离耦合,因而将 $\alpha = 1$ 区间观察到的反弱局域输运性质归结为表面电子输运行为。

另外,在很多其他拓扑绝缘体材料体系也观察到了反弱局域化效应,在此不一一介绍。

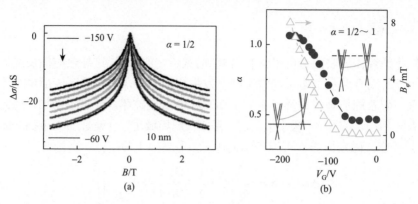

图 4.21 栅压调制的拓扑绝缘体 Bi_2Se_3 的反弱局域化效应。（a）Bi_2Se_3 反弱局域化现象随栅压变化趋势[37]；（b）α 拟合系数随栅压变化图[38]

4.3.3 舒布尼科夫–德哈斯量子振荡

1930 年 10 月出版的 *Nature* 杂志刊登了舒布尼科夫和德哈斯的文章[39]："铋单晶电阻在磁场中变化的一个新现象。"第一次报道了固体材料的电阻（磁阻）随磁场的倒数 $1/B$ 呈周期性变化的现象，即舒布尼科夫–德哈斯（Schubnikov-de Hass，SdH）振荡。SdH 振荡效应的物理基础是磁场中固体电子能量的量子化，形成朗道能级。在磁场（磁场方向沿 z 方向）中的自由电子气，其薛定谔方程的能量本征值：$E_n = \dfrac{P_z^2}{2m} + \hbar\omega_c\left(n + \dfrac{1}{2}\right)$，其中 ω_c 为回旋频率，$\omega_c = \dfrac{eB}{m^*}$。由此可知，由于在垂直于磁场的平面电子的能量量子化，自由电子的抛物线的连续能带分裂成一系列的子带，且每个子带的能量差为 $\hbar\omega_c$。这导致经过费米能级 E_F 处的电子的态密度随着磁场变化呈现周期性的振荡，即 SdH 振荡，可用式（4.8）表达：

$$\Delta G_{xx} = G(B,T)\cos\left[2\pi\left(\frac{F}{B} - \frac{1}{2} + \gamma\right)\right] \tag{4.8}$$

式中，$G(B,T)$ 为与磁场 B 和温度 T 相关的 SdH 振荡振幅；F 为振荡频率；γ 为贝瑞相位，取值 $0 \leqslant \gamma \leqslant 1$。振荡的频率可以表示成 Onsager 关系，见式（4.9）：

$$F = \frac{1}{\Delta\left(\dfrac{1}{B}\right)} = \frac{\hbar^2}{2\pi e}A_{FS} \tag{4.9}$$

式中，A_{FS} 为垂直磁场 B 的费米面截面的极值面积。由式（4.9）可知，F 正比于费米面的大小 A_{FS}。因此通过 SdH 分析，可以得到材料的表面电子迁移率、回旋有效质量和费米速度等。对于二维电子体系，SdH 振荡只与垂直于电子体系所在平面的磁场 $B_\perp$ 有关。因此，观察倾斜磁场中 SdH 的振荡规律，可以将二维体系的信号与体振荡信号区分开来。

原则上，将一个三维固体材料置于低温强磁场中，当材料的载流子迁移率 μ 足够高时（$\mu B \gg 1$），即可观测到 SdH 振荡。因此，原则上在拓扑绝缘体材料中观测到 SdH 并不难，难点在于确认 SdH 振荡源自拓扑绝缘体表面态。迄今，碍于材料质量和 SdH 自身的原理限制等原因，真正确证为拓扑绝缘体表面态二维量子振荡的报道仍寥寥无几。相关的角分辨光电子能谱表明，拓扑绝缘体 Bi_2Se_3 等材料暴露于空气中时，会发生明显的表面态"退化现象"[27, 28]。而电磁输运研究时，往往需要在空气中进行器件加工，无法避免 H_2O/O_2 掺杂。而这无疑增加了探测拓扑绝缘体表面态的电学输运性质的难度。尽管如此，大量的拓扑绝缘体的量子振荡研究极大地促进了我们对拓扑绝缘体材料电学输运特征的理解。下面简要介绍几个拓扑绝缘体 SdH 振荡的例子。

如图 4.22 所示，斯坦福加速实验室的 Fisher 小组[40]在 Bi_2Se_3 中掺入大量 Sb 制备 $Bi_xSb_{2-x}Se_3$ 多元合金，将拓扑绝缘体材料的载流子浓度降低到约 10^{16} cm^{-3} 量级，观察到样品的电导随磁场垂直分量的倒数 $1/B_\perp$ 周期性振荡的现象。同时，他们发现样品暴露于大气 1 h 后，SdH 振荡信号几乎消失。因此，推断振荡信号来自表面电子。然而，几乎同时，Butch 等[41]将 Bi_2Se_3 单晶的电子浓度降低到 10^{16} cm^{-3}，迁移率提高到 2×10^4 $cm^2/(V \cdot s)$。但是他们在输运测量中只观察到了来自体载流子的量子振荡，他们推测可能原因是表面不平整以及暴露在空气中，造成表面态的电子迁移率小于体电子。

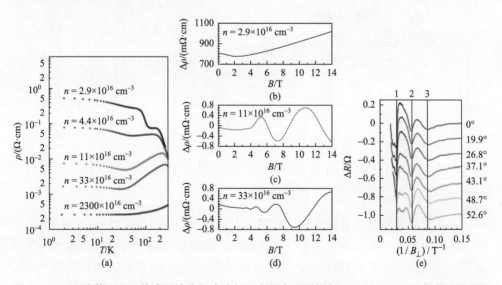

图 4.22　（a）随着 Bi_2Se_3 载流子浓度逐步降低，电阻率明显增加；（b）～（d）典型的不同载流子浓度 Bi_2Se_3 的电阻率随磁场变化的关系；（e）变角 ΔR 与 $1/B_\perp$ 的关系[40]

随后在 Bi_2Te_3 单晶样品中，多个小组报道观察到了二维量子振荡。例如，普林斯顿大学 Ong 小组[42]在低温和倾斜磁场中测量了电阻率为 4～14 mΩ·cm 的 Bi_2Te_3 单晶样品，并认为其观察到的 SdH 振荡来源于表面。

需要强调的是，尽管变角 SdH 可以区分电子输运的二维特性，但是仍然无法直接将该二维电子气归结于拓扑绝缘体非平庸的表面态。这是由于 Bi_2Se_3 表面暴露在空气中时，其能带向下弯曲形成量子阱态，这些量子阱态具有抛物线形的色散关系并且拓扑平庸，人们有理由怀疑这些表面量子阱态是否在量子振荡的测量中产生影响。

4.3.4　量子霍尔效应

霍尔效应是自然界最基本的电磁现象之一。将一个通电导体置于垂直于电流方向的磁场中，电子受到洛伦兹力发生偏转，并在垂直于磁场和电流方向的导体两端产生一个电压。此现象由美国物理学家霍尔（Edwin Herbert Hall）于 1879 年首次发现，被称为霍尔效应。霍尔效应的大小由霍尔电阻来衡量，即所测得的横向电压（也称霍尔电压）与电流的比值 [图 4.23（a）]。普通的霍尔效应的霍尔电阻与磁场呈线性关系。

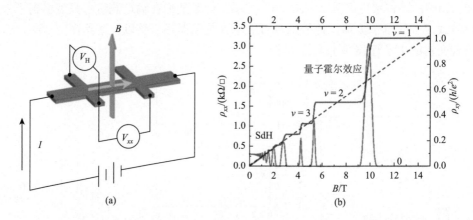

图 4.23　（a）量子霍尔效应的测试方法示意图，即标准霍尔测量；（b）量子霍尔效应实现的两个特点：ρ_{xy} 出现一系列量子化的霍尔平台和 $\rho_{xy} = 0$

量子霍尔效应是由德国物理学家冯·克利青（Klaus von Klitzing）在 1980 年研究半导体异质界面处的二维电子气在低温、强磁场环境下的电输运性质时发现的[43]。其特征在于本来随磁场 B 线性变化的霍尔电阻 ρ_{xy} 在超过 1 T 的强磁场下偏离与磁场 B 的线性关系，而是呈现一系列量子化的平台 [图 4.23（b）]。且每个阶梯平台所对应的电阻值精确满足 $h/\nu e^2$，其中 h 为普朗克常数，e 为电子电量，ν 为整数（$\nu = 1, 2, 3$）。同时，在 ρ_{xy} 出现平台处，纵向电阻 ρ_{xx} 降为 0，即出现背散射完全被抑制的弹道输运现象。同时值得注意的是，量子霍尔效应是一种宏观效应，在数毫米尺寸的样品上依然可以观察到，这表明处于量子霍尔态的电子可以在宏观距离保持无能耗的运动。并且，量子霍尔效应的霍尔电阻可以达到非常准确的量子化数值，可以用来精确标定电阻单位欧姆及精细结构常数。

1982 年，Tsui 等[44]在更高迁移率的调制掺杂的Ⅲ-Ⅴ族半导体异质结样品中发现 v 为某些分数取值的量子霍尔效应，被称为分数量子霍尔效应。整数量子霍尔效应和分数量子霍尔效应分别获得 1985 年和 1998 年的诺贝尔物理学奖。

量子霍尔效应的本质在于二维电子气在垂直方向的强磁场作用下，本来准连续能带变为一系列分立的朗道能级。当费米能级位于朗道能级之间时，体系体态变为绝缘体。但是由于其能带结构的拓扑非平庸性（量子霍尔效应属于广义的拓扑绝缘体），因此在与拓扑平庸的真空绝缘体的界面处，为了实现拓扑性质的变化，必然会形成无质量的导电边缘态，此为纵向电阻 ρ_{xx} 为零的来源。

此外，不同的电子能带结构可能会导致二维电子气在磁场条件下的不同的电磁输运行为。例如，传统的半导体异质结界面处形成的二维电子气，其能量 E 和动量 K 呈抛物线形关系，如式（4.10）所示：

$$E = \frac{(\hbar K)^2}{2m^*} \tag{4.10}$$

式中，m^* 为载流子的有效质量。而这种传统的二维电子气在磁场中的朗道能级量子化的行为，是由薛定谔方程描述的。且其薛定谔方程的能量本征值 E_n 符合式（4.11）：

$$E_n = \hbar \omega_c \left(n + \frac{1}{2} \right) \tag{4.11}$$

式中，ω_c 为回旋频率；$n = 0, 1, 2, \cdots$。这表明普通二维电子气在磁场中形成的分立的朗道能级的能量间隔是等间距的。在宏观电磁输运方面表现为当材料的费米能级处于局域态时，材料内部电子运动局域化，但在边缘产生类似于"超导"边缘态。同时，其霍尔电导 σ_{xy} [式（4.12）] 为量子化的取值，

$$\sigma_{xy} = \frac{I_{\text{channel}}}{V_{\text{Hall}}} = v \frac{e^2}{h} \tag{4.12}$$

式中，I_{channel} 为沟道电流；V_{Hall} 为沟道电压；v 为朗道能级的填充因子，可取正整数（$v = 1, 2, 3, \cdots$）和分数（$v = 1/3, 2/5, 3/7, 2/3, 3/5, 1/5, 2/9, 3/13, 5/2, 12/5, \cdots$），分别代表整数量子霍尔效应和分数量子霍尔效应。

另外，以石墨烯和拓扑绝缘体为代表的狄拉克材料，它们的能量 E 和动量 K 呈线性色散 [式（4.13）]，由狄拉克方程描述：

$$E = \frac{h}{2\pi} v_F K \tag{4.13}$$

式中，v_F 为费米速度。在均匀磁场中，狄拉克费米子同样形成一系列分立能级，所不同的是，这些能级不再是等间隔的，而是由式（4.14）表述：

$$E_n = \mathrm{sgn}(n)\sqrt{2e\hbar|n|B}, \quad n = 0, \pm 1, \pm 2, \cdots \tag{4.14}$$

这一类狄拉克材料由于其能带结构的特殊性，在宏观电磁输运方面不再像普通的二维电子气一样表现为整数量子霍尔效应，而是十分特殊的半整数量子霍尔效应，其霍尔电导 σ_{xy} 符合式（4.15）所述：

$$\sigma_{xy} = \frac{I_{\mathrm{channel}}}{V_{\mathrm{Hall}}} = g_s \frac{e^2}{h}\left(n + \frac{1}{2}\right), \quad n = 0, \pm 1, \pm 2, \cdots \tag{4.15}$$

式中，g_s 为朗道能级的简并度。以石墨烯为例，在 2005 年，英国曼彻斯特大学的 A. K. Geim 课题组[45]和哥伦比亚大学的 Philip Kim 课题组[46]在 *Nature* 杂志上发表背靠背文章，同时宣布在单层石墨烯材料中发现半整数量子霍尔效应，一时在学界引起轰动。如图 4.24 所示，当调节单层石墨烯的载流子浓度 n 时，霍尔电导率 σ_{xy} 在以 $4e^2/h$ 电导为单位的半整数倍（1/2, 3/2, 5/2, $\cdots$）处出现量子化平台[45]。同时，霍尔电导率 σ_{xy} 出现平台处，对应的纵向电阻率 ρ_{xx} 将为 0。另外，双层石墨烯因层间耦合，不再拥有狄拉克锥型能带结构，因此双层石墨烯的量子霍尔效应展现为传统整数量子霍尔效应。如图 4.24 插图所示，双层石墨烯的霍尔电导率 σ_{xy} 出现量子化平台的位置为以 $4e^2/h$ 电导为单位的整数倍。

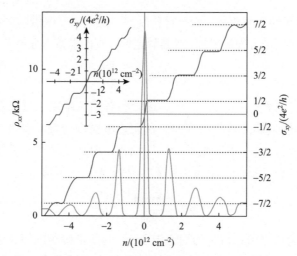

图 4.24 单层石墨烯材料的半整数量子霍尔效应。其中插图为双层石墨烯，
表现为传统的整数量子霍尔效应[45]

拓扑绝缘体的表面态具有与石墨烯类似的线性狄拉克锥型电子结构，原则上讲，其表面态费米子在磁场下也应该表现为半整数量子霍尔效应。相关的理论研究表明[17, 47]，对于具有单个狄拉克锥型结构的拓扑绝缘体，其单个表面态在磁场中形成的朗道能级的简并度 $g_s = 1$，其霍尔电导以 $e^2/2h$ 为量子化单位，表现为半整数量子霍尔效应 [式（4.16）]。

$$\sigma_{xy} = \frac{I_{\text{channel}}}{V_{\text{Hall}}} = \frac{e^2}{h}\left(n + \frac{1}{2}\right), \quad n = 0, \pm 1, \pm 2, \cdots \tag{4.16}$$

然而，在实际电学测量中，由于拓扑绝缘体总是存在上、下两个平行的表面导电通道，这导致得到的实际电学测量结果相当于两个半整数量子霍尔系统的叠加，最终表现为整数量子霍尔效应。

拓扑绝缘体表面态量子霍尔效应的测量对材料质量有很高的要求，需要材料尽可能的本征，以抑制体态电子的电导贡献，实现以表面导电为主的量子霍尔材料体系。迄今，由于对材料制备、实验测量条件的苛刻要求，相关的拓扑绝缘体量子霍尔效应的实验报道并不多，主要包括应变的 HgTe 三维拓扑绝缘体[48]、多元合金体系 BiSbTeSe$_2$[49]、(Bi$_{1-x}$Sb$_x$)$_2$Te$_3$[50]等。比较有趣的是，所有的宏观电学输运都呈现 e^2/h 的整数倍的效果。下面以 BiSbTeSe$_2$ 为例，对主要实验结果进行说明。

如图 4.25 所示，Yong P. Chen 等[49]通过垂直的布里奇曼方法，得到高迁移率、低载流子浓度的 BiSbTeSe$_2$ 拓扑绝缘体单晶块材。这种拓扑绝缘体具有接近 0.3 eV 的体带隙和单个狄拉克锥型表面态。随后，他们利用机械剥离手段，在 SiO$_2$/Si 基底上得到厚度为 160 nm 的 BiSbTeSe$_2$ 晶体，并在该基底上构筑 BiSbTeSe$_2$ 背栅器件。由于样品厚度较厚，拓扑绝缘体的上、下两个表面通道近似相互独立。如此，可以通过背栅来单独调控下表面的费米能级，进而单独调控下表面的朗道能级的填充因子。如图 4.25（a）所示，在零磁场条件下，当背栅电压从 20 V 扫到 –100 V 时，纵向电阻先增大后减小，其中纵向电阻出现极大值处，可以认为是下表面狄拉克点所处位置。在强磁场（$B = 31$ T）条件下 [图 4.25（b）～（d）]，通过改变栅压或者变化磁场，他们在拓扑绝缘体 BiSbTeSe$_2$ 观测到典型的量子霍尔效应输运行为，即 R_{xy} 出现量子化的平台，R_{xx} 趋近于 0。通过调控背栅压，可以将下表面的朗道能级的填充因子由 + 5/2 逐渐调至–3/2。同时由于上表面的填充因子始终保持为 1/2，则器件的上、下两个表面的填充因子之和 $N_{\text{总}} = N_{\text{top}} + 1/2 + (N_{\text{bottom}} + 1/2) = N_{\text{top}} + N_{\text{bottom}} + 1$，表现为正整数。比较有趣的是，在较负栅压条件下（$V_{\text{bg}} < -60$ V），霍尔电导出现了填充因子为 0 和–1 的量子化的平台。该实验现象有力地证明了拓扑绝缘体表面态半整数量子霍尔效应实现。

4.3.5　量子自旋霍尔效应

量子自旋霍尔态，也称二维拓扑绝缘体，是一种全新的量子态，其特征为在零磁场条件下存在量子化的自旋霍尔电导。量子自旋霍尔态和量子霍尔态都属于无自发对称性破缺的物质状态，与普通物质态大为不同。而量子自旋霍尔态与量子霍尔态的不同之处在于，它不需要外加磁场，因此还保持了时间反演对称性。

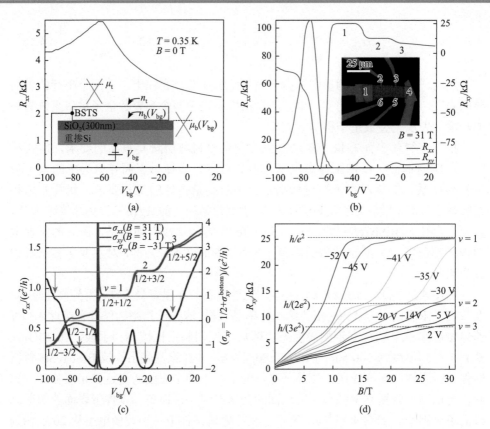

图 4.25　BiSbTeSe$_2$ 拓扑绝缘体表面态的半整数量子霍尔效应[49]。（a）零磁场下纵向电阻 R_{xx} 随背栅电压 V_{bg} 的变化关系，其中插图为器件结构示意图；（b）在磁场强度 $B = 31$ T 下，纵向电阻 R_{xx}、霍尔电阻 R_{xy} 随背栅电压 V_{bg} 的变化关系；（c）纵向电导 σ_{xx}、霍尔电导 σ_{xy} 与背栅电压 V_{bg} 的关系；（d）不同栅压条件下，霍尔电阻 R_{xy} 随磁场的变化关系

量子自旋霍尔边缘态电子运动遵从自旋-动量锁定原则，具体表现为：在上边缘，自旋向上的电子只能向右运动，自旋向下的电子只能向左运动；下边缘正好与之相反［图 4.26（a）］[51]。而当样品两端加一个电压时，则自旋向下和自旋向上的电子分居样品上下两个边缘，即实现不同自旋方向的电子的分离。具体而言，量子自旋霍尔效应的两个边缘态相当于两个一维导电通道，各自贡献一个量子霍尔电导（即 e^2/h），因此其纵向电导 $G_{LR} = 2e^2/h$，如图 4.26（b）所示。同时，因不存在外加磁场对不同自旋方向的电子运动进行调控，故横向电压为 0。综上所述，量子自旋霍尔效应的宏观电学特征为在零磁场条件下，当样品费米能级位于带隙中时，即样品体相绝缘，其边缘态纵向电导为 $2e^2/h$。且因电导来源于边缘态，故量子化的纵向电导与样品的宽度无关。

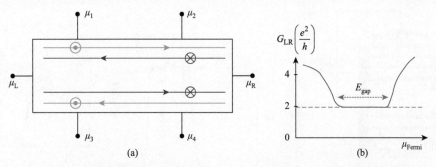

图 4.26　（a）量子自旋霍尔边缘态示意图[51]；（b）纵向电导 G_{LR} 随费米能级的变化关系[51]

　　量子自旋霍尔体系最初由 Kane 和 Mele 在理论上预言[52]。他们指出，在石墨烯中引入较强的自旋轨道耦合作用，可能出现量子自旋霍尔态。但后续的理论和实验研究证实，石墨烯的自旋轨道耦合作用十分微弱，打开的带隙在 10^{-3} meV 量级，无法在实验中进行观测。2006 年，Bernevig 和 Zhang 等[51]预言了在 (Hg, Cd)Te/HgTe/(Hg, Cd)Te 量子阱结构中，通过调节量子阱的宽度，可实现从普通绝缘态到量子自旋霍尔态的拓扑相变。次年，德国维尔茨堡大学的 Molenkamp 研究通过分子束外延的方法，生长出了不同厚度的(Hg, Cd)Te/HgTe/(Hg, Cd)Te 量子阱系统[53]。图 4.27 （a）、（b）展示了量子阱的结构及多端测量方案。实验结果显示，当 HgTe 的厚度小于 6.3 nm 时，二维电子气处于普通绝缘态；当 HgTe 的厚度大于 6.3 nm 时，阱内能测到量子化的直流电导 $2e^2/h$。并且在量子阱 HgTe 的厚度大于临界值时，量子阱的电导不随器件宽度的变化而变化，始终保持 $2e^2/h$，这表明仅有两个边界通道参与了输运。实验结果还证实，当引入了垂直于二维平面的外磁场时，该量子化的直流电导将消失。所有这些性质都与模型所预言的量子自旋霍尔态相一致，从而首次证实了具有非平庸之拓扑序的量子自旋霍尔态的存在。

　　然而(Hg, Cd)Te/HgTe/(Hg, Cd)Te 量子阱的制备十分困难，且其热稳定性差、含毒性元素，阻碍了其进一步的研究和未来的应用。2008 年，斯坦福大学的张首晟研究组[54]理论预言了一个新的二维拓扑绝缘体体系：AlSb/InAs/GaSb/AlSb 量子阱。北京大学的杜瑞瑞研究组[55]在这个体系中观测到了量子自旋霍尔效应的行为，证实了其二维拓扑绝缘体的性质。随后，他们在体系中掺入杂质并引入应力，进一步提高了量子自旋霍尔效应的观测温度至约 30 K，观测到十分清晰的量子化的平台。

　　另外，人们试图寻找能够在更高温度实现量子自旋霍尔效应的材料体系。其中二维原子晶体受到研究者的关注。不过目前发现的二维晶体，如双层铋原子构成的二维晶体，通常在结构上和化学上具有不稳定性。2014 年，Xiaofeng Qian 等理论预言 1T′相的过渡金属硫属化合物 MX_2 是一种大带隙的量子自旋霍尔体系[56]。在众多的 1T′相的过渡金属硫属化合物中，WTe_2 能量最稳定，尤其受到大家的关注。斯坦福大学的沈志勋课题组[57]利用角分辨光电子能谱，在单层的 1T′ WTe_2

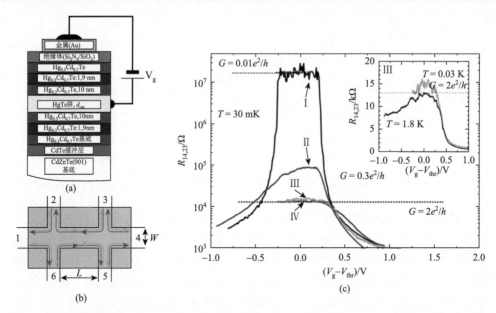

图 4.27　(Hg, Cd)Te/HgTe/(Hg, Cd)Te 量子阱中的量子自旋霍尔效应。（a）量子阱的结构示意图；（b）多段器件结构示意图；（c）不同厚度的量子阱的纵向电阻 $R_{14,23}$ 随栅压变化关系[53]

中观察到了明显的能带反转。近期，Pablo 课题组[58]在实验上研究了双层 BN 包覆的单层 WTe_2 的量子自旋霍尔效应（图 4.28）。令人惊奇的是，单层 WTe_2 在温度高达 100 K 下纵向电阻依然保持 $2e^2/h$ 的量子化电导。同时，他们还发现外加磁场可导致电导量子化的消失以及塞曼能级的出现。他们同时指出，进一步优化器件质量有可能进一步提高量子自旋霍尔态的转变温度。

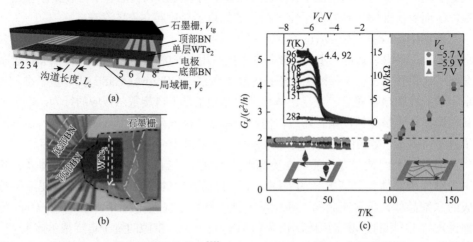

图 4.28　单层 WTe_2 中量子自旋霍尔效应[58]。（a）、（b）双层 BN 包覆的单层 WTe_2 器件结构示意图和器件实物图；（c）不同栅压下单层 WTe_2 温度依赖的边缘态电导 G_s

4.3.6 量子反常霍尔效应

1881 年，霍尔在研究磁性金属的霍尔效应时，发现即使不加外磁场也可以观测到霍尔效应，这种零磁场中的霍尔效应就是反常霍尔效应。反常霍尔效应与普通霍尔效应在本质上完全不同，并不存在外磁场对电子的洛伦兹力而产生运动轨道的偏转。反常霍尔电导是由于材料的自发磁化而产生的。

量子反常霍尔效应，是反常霍尔效应的量子化形式，即在无外加磁场下，仅仅依靠铁磁材料的自发磁化实现量子霍尔效应[59, 60]。如图 4.29（a）所示，量子反常霍尔效应的微观物理图像和量子霍尔效应类似，都存在无耗散的边缘态。而电学特征如图 4.29（b）所示，在零磁场下，霍尔电阻 R_{xy} 出现量子化的霍尔平台，同时纵向电阻 R_{xx} 为 0。由此可见，量子反常霍尔效应在零磁场条件下即可实现无耗散的电学传输，因此较量子霍尔效应更容易应用于实际低能耗电子元器件中。

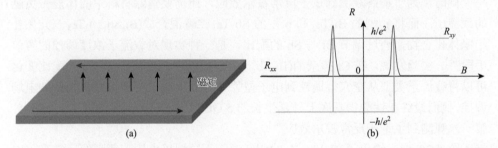

图 4.29　量子反常霍尔效应示意图。（a）手性边缘态；（b）在零磁场下，霍尔电阻 R_{xy} 出现量子化的霍尔平台，同时纵向电阻 R_{xx} 为 0

反常霍尔效应的量子化对材料性质要求非常苛刻，需要材料同时满足以下三个条件[61]：①因无外磁场诱导拓扑非平庸的边缘态，这要求材料自身具有拓扑非平庸的电子能带结构，从而具有导电的一维边缘态；②材料必须具有长程铁磁序，从而存在反常霍尔效应；③材料体内必须绝缘，保证只有一维边缘态参与导电。分析这三个条件不难发现，在拓扑绝缘体中引入铁磁序，破坏其时间反演对称性是实现量子霍尔效应的一个可能途径。具体可理解为，在拓扑绝缘体中引入垂直于膜面磁化的铁磁性，会破坏其自旋和电子运行方向均相反的一对边缘态中的一支，使螺旋性的边缘态变为手性的边缘态，从而使量子自旋霍尔效应变为量子反常霍尔效应。

目前，在拓扑绝缘体中引入铁磁序的方法主要有两种：一是通过铁磁/拓扑绝缘体异质界面；二是拓扑绝缘体的磁性杂质掺杂。在铁磁/三维拓扑绝缘体/铁磁三明治结构中，上下铁磁层分别会在三维拓扑绝缘体的上下表面态打开能隙，从而导致量子反常霍尔效应。为避免产生新的导电通道，铁磁层的材料必须为铁磁绝缘体[62]。近几年，科学家们一直在寻找合适的铁磁绝缘体材料以实现它与拓扑绝缘体的异质结构，但总体而言，进展不大。一个主要原因是实验发现在目前所获得的铁磁绝缘体/拓扑绝缘体异质结中，二者电子结构间杂化较弱，很难在拓扑绝缘体中诱导出足够强的磁性。在拓扑绝缘体中实现铁磁性的另一个途径是磁性杂质掺杂。相关理论和实验证实了这一说法。例如，方忠、戴希和张首晟等的理论工作表明[63]，Bi_2Se_3 族拓扑绝缘体在没有载流子的情况下也可以在拓扑绝缘体中实现铁磁性。这为基于 Bi_2Se_3 族拓扑绝缘体材料的量子反常霍尔效应的实现带来了希望。随后，清华大学薛其坤领导的团队对 Bi_2Se_3 族拓扑绝缘体的磁性掺杂进行了系统的尝试[64]。研究发现，Cr 掺杂的 Bi_2Se_3 拓扑绝缘体中未出现长程铁磁序，仅仅存在短程铁磁性。而 Cr 掺杂的 Bi_2Te_3、Sb_2Te_3 均呈现很好的长程铁磁序，且磁化轴垂直于膜面，为量子反常霍尔效应的实现建立了基础。

同时，为了最终观测到量子反常霍尔效应，还需要消除材料中的体能带贡献的载流子。而将 n 型的 Bi_2Te_3 和 p 型的 Sb_2Te_3 二者混合成$(Bi_xSb_{1-x})_2Te_3$ 三元拓扑绝缘体化合物，通过调节 Bi 与 Sb 的配比，是一种实现对载流子浓度调控的有效手段[65]。实验发现，在 Cr 掺杂的$(Bi_xSb_{1-x})_2Te_3$ 薄膜中，随着 Bi 和 Sb 的配比变化可以将载流子类型从空穴型调控到电子型[66]。并利用介电层栅极对薄膜施加电场调控，他们最终在钛酸锶基底上外延生长的 5 QL 厚的 Cr 掺杂$(Bi, Sb)_2Te_3$ 薄膜上，第一次观测到了量子反常霍尔效应[67]。

图 4.30（a）给出了在 30 mK 的超低温下不同栅极电压下薄膜的反常霍尔电阻随磁场的变化情况[67]，反常霍尔电阻随栅极电压显著变化，在−1.5 V 附近达到最大值 h/e^2。在此栅压下，霍尔电阻随磁场没有变化，从零场到高场始终保持在量子电阻的平台。与此同时，纵向电阻 ρ_{xx} 显著下降［图 4.30（b）］，最低达到 $0.098h/e^2$（约 2.53 kΩ）。随后，他们进一步通过施加一个外加磁场使纵向电阻彻底降到零，与此同时霍尔电阻始终保持在 h/e^2 的量子平台上，说明体系在此过程中始终处于一个量子霍尔态。这标志着量子反常霍尔效应的实现。但需要指出，从严格意义上讲，较大的剩余纵向电阻（约 2.53 kΩ）与图 4.30（b）指出的标准的量子反常霍尔效应纵向电阻严格到 0，还存在一定差距。随后，斯坦福大学的 D. Goldhaber-Gordon 课题组[69]，利用分子束外延方法在 GaAs 基底上外延生长出约 10 nm 的 $Cr_{0.12}Bi_{0.26}Sb_{0.62}Te_3$ 薄膜。在该 Cr 掺杂的$(Bi, Sb)_2Te_3$ 薄膜上，他们得到具有更高量子准确度的量子反常霍尔效应［图 4.30（c）］。其霍尔电阻量子化准确度高度（1±0.01%）h/e^2，同时其纵向电阻降至 1 Ω/□。不久，常翠祖等[68]在 V 掺杂的$(Bi, Sb)_2Te_3$ 拓扑绝缘体薄膜上，在温度为 25 mK 下，也观测到更高质量的量子反常霍尔效应。它的零磁场纵向电阻降至约 3.35 Ω±1.76 Ω，霍尔电导量子平台准确度达到（0.9998±0.0006）e^2/h［图 4.30（d）］。

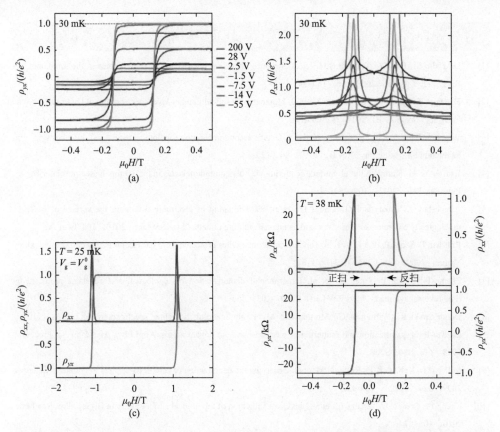

图 4.30　几种典型的磁性掺杂的拓扑绝缘体$(Bi_xSb_{1-x})_2Te_3$ 薄膜的量子反常霍尔效应。（a）、（b）Cr 掺杂的 5 QL$(Bi_xSb_{1-x})_2Te_3$ 薄膜的量子反常霍尔效应[67]；（c）V 掺杂的$(Bi_xSb_{1-x})_2Te_3$ 薄膜的量子反常霍尔效应[68]；（d）Cr 掺杂的 10 QL$(Bi_xSb_{1-x})_2Te_3$ 薄膜的量子反常霍尔效应[69]

最后需要指出的是，尽管通过精细的能带结构设计和化学组成调控，最后在零磁场条件下磁性掺杂的拓扑绝缘体中观测到了量子反常霍尔效应。但是目前量子反常霍尔效应仍需要在 100 mK 的极低温下才能够观测到。而要实际应用，必须设法使其在更高的温度乃至室温实现。此外，量子反常霍尔效应原则上不需要外磁场即可实现纵向电阻为零。然而目前在磁性掺杂拓扑绝缘体薄膜中观测到的量子反常霍尔效应仍需要一个很强的外磁场才能使其完全实现零能耗。可能的原因有：①薄膜量子阱态和表面态在零磁场下对电导仍有贡献，外磁场有助于这些拓扑平庸电子态的局域化；②磁场有助于抑制磁性掺杂拓扑绝缘体的磁性的不均匀，提高有效能隙。设法增加材料的绝缘性和磁致能隙大小，是其中一种降低量子反常霍尔效应所需磁场和提高量子反常霍尔效应温度的可能思路。

参 考 文 献

[1] Urazhdin S，Bilc D，Tessmer S H，et al. Scanning tunneling microscopy of defect states in the semiconductor Bi$_2$Se$_3$. Phys Rev B，2002，66（16）：4.

[2] Hanaguri T，Igarashi K，Kawamura M，et al. Momentum-resolved Landau-level spectroscopy of Dirac surface state in Bi$_2$Se$_3$. Phys Rev B，2010，82（8）：4.

[3] West D，Sun Y Y，Wang H，et al. Native defects in second-generation topological insulators：effect of spin-orbit interaction on Bi$_2$Se$_3$. Phys Rev B，2012，86（12）：4.

[4] Kim S，Ye M，Kuroda K，et al. Surface scattering via bulk continuum states in the 3D topological insulator Bi$_2$Se$_3$. Phys Rev Lett，2011，107（5）：4.

[5] Alpichshev Z，Analytis J G，Chu J H，et al. STM imaging of electronic waves on the surface of Bi$_2$Te$_3$：topologically protected surface states and hexagonal warping effects. Phys Rev Lett，2010，104（1）：4.

[6] Roushan P，Seo J，Parker C V，et al. Topological surface states protected from backscattering by chiral spin texture. Nature，2009，460（7259）：1106-1164.

[7] Zhang T，Cheng P，Chen X，et al. Experimental demonstration of topological surface states protected by time-reversal symmetry. Phys Rev Lett，2009，103（26）：4.

[8] Dombrowski R，Wittneven C，Morgenstern M，et al. Scanning tunneling spectroscopy on n-InAs（110）：Landau-level quantization and scattering of electron waves at dopant atoms. Appl Phys A：Mater Sci Process，1998，66：S203-S206.

[9] Miller D L，Kubista K D，Rutter G M，et al. Observing the quantization of zero mass carriers in graphene. Science，2009，324（5929）：924-927.

[10] Cheng P，Song C L，Zhang T，et al. Landau quantization of topological surface states in Bi$_2$Se$_3$. Phys Rev Lett，2010，105（7）：4.

[11] Yang H F，Liang A J，Chen C，et al. Visualizing electronic structures of quantum materials by angle-resolved photoemission spectroscopy. Nat Rev Mater，2018，3（9）：341-353.

[12] Seah M P，Dench W A. Quantitative electron spectroscopy of surfaces：a standard data base for electron inelastic mean free paths in solids. Surf Interface Anal（UK），1979，1（1）：2-11.

[13] Yuan H T，Liu Z K，Xu G，et al. Evolution of the valley position in bulk transition-metal chalcogenides and their monolayer limit. Nano Lett，2016，16（8）：4738-4745.

[14] Yin J B，Wang H，Peng H，et al. Selectively enhanced photocurrent generation in twisted bilayer graphene with van Hove singularity. Nat Commun，2016，7：7.

[15] Hajlaoui M，Papalazarou E，Mauchain J，et al. Time resolved ultrafast ARPES for the study of topological insulators：the case of Bi$_2$Te$_3$. Eur Phys J：Spec Top，2013，222（5）：1271-1275.

[16] Hsieh D，Qian D，Wray L，et al. A topological Dirac insulator in a quantum spin Hall phase. Nature，2008，452（7190）：970-975.

[17] Fu L，Kane C L. Topological insulators with inversion symmetry. Phys Rev B，2007，76（4）：17.

[18] Zhang H J，Liu C X，Qi X L，et al. Topological insulators in Bi$_2$Se$_3$，Bi$_2$Te$_3$ and Sb$_2$Te$_3$ with a single Dirac cone on the surface. Nat Phys，2009，5（6）：438-442.

[19] Xia Y，Qian D，Hsieh D，et al. Observation of a large-gap topological-insulator class with a single Dirac cone on the surface. Nat Phys，2009，5（6）：398-402.

[20] Chen Y L，Analytis J G，Chu J H，et al. Experimental realization of a three-dimensional topological insulator，

Bi_2Te_3 Science, 2009, 325 (5937): 178-181.

[21]　Ren Z, Taskin A A, Sasaki S, et al. Large bulk resistivity and surface quantum oscillations in the topological insulator Bi_2Te_2Se. Phys Rev B, 2010, 82 (24): 4.

[22]　Chen Y L, Liu Z K, Analytis J G, et al. Single Dirac cone topological surface state and unusual thermoelectric property of compounds from a new topological insulator family. Phys Rev Lett, 2010, 105 (26): 4.

[23]　Dziawa P, Kowalski B J, Dybko K, et al. Topological crystalline insulator states in $Pb_{1-x}Sn_xSe$. Nat Mater, 2012, 11 (12): 1023-1027.

[24]　Tanaka Y, Ren Z, Sato T, et al. Experimental realization of a topological crystalline insulator in SnTe. Nat Phys, 2012, 8 (11): 800-803.

[25]　Liu Z K, Zhou B, Zhang Y, et al. Discovery of a three-dimensional topological Dirac semimetal, Na_3Bi. Science, 2014, 343 (6173): 864-867.

[26]　Xiong J, Kushwaha S K, Liang T, et al. Evidence for the chiral anomaly in the Dirac semimetal Na_3Bi. Science, 2015, 350 (6259): 413-416.

[27]　Benia H M, Lin C T, Kern K, et al. Reactive chemical doping of the Bi_2Se_3 topological insulator. Phys Rev Lett, 2011, 107 (17): 5.

[28]　Chen C Y, He S L, Weng H, et al. Robustness of topological order and formation of quantum well states in topological insulators exposed to ambient environment. Proc Natl Acad Sci USA, 2012, 109 (10): 3694-3698.

[29]　Chen Y L, Chu J H, Analytis J G, et al. Massive Dirac fermion on the surface of a magnetically doped topological insulator. Science, 2010, 329 (5992): 659-662.

[30]　Xu S Y, Xia Y, Wray L A, et al. Topological phase transition and texture inversion in a tunable topological insulator. Science, 2011, 332 (6029): 560-564.

[31]　Zhang Y, He K, Chang C Z, et al. Crossover of the three-dimensional topological insulator Bi_2Se_3 to the two-dimensional limit. Nat Phys, 2010, 6 (8): 584-588.

[32]　Webb R A, Washburn S, Umbach C P, et al. Observation of h/e Aharonov-Bohm oscillations in normal-metal rings. Phys Rev Lett, 1985, 54 (25): 2696-2699.

[33]　Peng H L, Lai K J, Kong D S, et al. Aharonov-Bohm interference in topological insulator nanoribbons. Nat Mater, 2010, 9 (3): 225-229.

[34]　Xiu F X, He L A, Wang Y, et al. Manipulating surface states in topological insulator nanoribbons. Nat Nanotechnol, 2011, 6 (4): 216-221.

[35]　Bardarson J H, Brouwer P W, Moore J E. Aharonov-Bohm oscillations in disordered topological insulator nanowires. Phys Rev Lett, 2010, 105 (15): 4.

[36]　Zhang Y, Vishwanath A. Anomalous Aharonov-Bohm conductance oscillations from topological insulator surface states. Phys Rev Lett, 2010, 105 (20): 4.

[37]　Chen J, Qin H J, Yang F, et al. Gate-voltage control of chemical potential and weak antilocalization in Bi_2Se_3. Phys Rev Lett, 2010, 105 (17): 4.

[38]　Chen J, He X Y, Wu K H, et al. Tunable surface conductivity in Bi_2Se_3 revealed in diffusive electron transport. Phys Rev B, 2011, 83 (24): 4.

[39]　Schubnikow L, De Haas W J. A new phenomenon in the change of resistance in a magnetic field of single crystals of bismuth. Nature, 1930, 126: 500.

[40]　Analytis J G, McDonald R D, Riggs S C, et al. Two-dimensional surface state in the quantum limit of a topological insulator. Nat Phys, 2010, 6 (12): 960-964.

[41] Butch N P，Kirshenbaum K，Syers P，et al. Strong surface scattering in ultrahigh-mobility Bi$_2$Se$_3$ topological insulator crystals. Phys Rev B，2010，81（24）：4.

[42] Qu D X，Hor Y S，Xiong J，et al. Quantum oscillations and Hall Anomaly of surface states in the topological insulator Bi$_2$Te$_3$. Science，2010，329（5993）：821-824.

[43] Vonklitzing K，Dorda G，Pepper M. New method for high-accuracy determination of the fine-structure constant based on quantized Hall resistance. Phys Rev Lett，1980，45（6）：494-497.

[44] Tsui D C，Stormer H L，Gossard A C. Two-dimensional magnetotransport in the extreme quantum limit. Phys Rev Lett，1982，48（22）：1559-1562.

[45] Novoselov K S，Geim A K，Morozov S V，et al. Two-dimensional gas of massless Dirac fermions in graphene. Nature，2005，438（7065）：197-200.

[46] Zhang Y B，Tan Y W，Stormer H L，et al. Experimental observation of the quantum Hall effect and Berry's phase in graphene. Nature，2005，438（7065）：201-204.

[47] Lee D H. Surface states of topological insulators：the Dirac fermion in curved two-dimensional spaces. Phys Rev Lett，2009，103（19）：4.

[48] Brune C，Liu C X，Novik E G，et al. Quantum Hall effect from the topological surface states of strained bulk HgTe. Phys Rev Lett，2011，106（12）：4.

[49] Xu Y，Miotkowski I，Liu C，et al. Observation of topological surface state quantum Hall effect in an intrinsic three-dimensional topological insulator. Nat Phys，2014，10（12）：956-963.

[50] Yoshimi R，Tsukazaki A，Kozuka Y，et al. Quantum Hall effect on top and bottom surface states of topological insulator(Bi$_{1-x}$Sb$_x$)$_2$Te$_3$ films. Nat Commun，2015，6：6.

[51] Bernevig B A，Hughes T L，Zhang S C. Quantum spin Hall effect and topological phase transition in HgTe quantum wells. Science，2006，314（5806）：1757-1761.

[52] Kane C L，Mele E J. Quantum spin Hall effect in graphene. Phys Rev Lett，2005，95（22）：4.

[53] Konig M，Wiedmann S，Brune C，et al. Quantum spin Hall insulator state in HgTe quantum wells. Science，2007，318（5851）：766-770.

[54] Liu C X，Hughes T L，Qi X L，et al. Quantum spin Hall effect in inverted Type-II semiconductors. Phys Rev Lett，2008，100（23）：4.

[55] Knez I，Du R R，Sullivan G. Evidence for helical edge modes in inverted InAs/GaSb quantum wells. Phys Rev Lett，2011，107（13）：5.

[56] Qian X F，Liu J W，Fu L，et al. Quantum spin Hall effect in two-dimensional transition metal dichalcogenides. Science，2014，346（6215）：1344-1347.

[57] Tang S J，Zhang C F，Wong D，et al. Quantum spin Hall state in monolayer 1T'-WTe$_2$. Nat Phys，2017，13（7）：683-687.

[58] Wu S F，Fatemi V，Gibson Q D，et al. Observation of the quantum spin Hall effect up to 100 Kelvin in a monolayer crystal. Science，2018，359（6371）：76-79.

[59] He K，Wang Y Y，Xue Q K. Quantum anomalous Hall effect. Natl Sci Rev，2014，1（1）：38-48.

[60] Oh S. The complete quantum Hall trio. Science，2013，340（6129）：153-154.

[61] He K，Wang Y，Xue Q. Topological insulator and the quantum anomalous Hall effect. Chinese Science Bulletin，2014，59（35）：3431-3441.

[62] Qi X L，Hughes T L，Zhang S C. Topological field theory of time-reversal invariant insulators. Phys Rev B，2008，78（19）：43.

[63] Yu R，Zhang W，Zhang H J，et al. Quantized anomalous Hall effect in magnetic topological insulators. Science，2010，329（5987）：61-64.

[64] Chang C Z，Zhang J S，Liu M H，et al. Thin films of magnetically doped topological insulator with carrier-independent long-range ferromagnetic order. Adv Mater，2013，25（7）：1065-1070.

[65] Kong D S，Chen Y L，Cha J J，et al. Ambipolar field effect in the ternary topological insulator$(Bi_{1-x}Sb_x)_2Te_3$ by composition tuning. Nat Nanotechnol，2011，6（11）：705-709.

[66] Zhang J S，Chang C Z，Zhang Z C，et al. Band structure engineering in$(Bi_{1-x}Sb_x)_2Te_3$ ternary topological insulators. Nat Commun，2011，2：6.

[67] Chang C Z，Zhang J S，Feng X，et al. Experimental observation of the quantum anomalous Hall effect in a magnetic topological insulator. Science，2013，340（6129）：167-170.

[68] Chang C Z，Zhao W W，Kim D Y，et al. High-precision realization of robust quantum anomalous Hall state in a hard ferromagnetic topological insulator. Nat Mater，2015，14（5）：473-477.

[69] Bestwick A J，Fox E J，Kou X F，et al. Precise quantization of the anomalous Hall effect near zero magnetic field. Phys Rev Lett，2015，114（18）：5.

第5章

拓扑绝缘体的应用

近些年，拓扑绝缘体从理论到基础实验的研究取得了一系列突破性的进展。通常而言，对一种新型材料持之以恒的关注和探索很大程度上源自其应用牵引。拓扑绝缘体的新颖物理特性不仅对基础物理研究具有重大意义，也为后续应用提供了诸多新的可能性。其表面态自旋-动量锁定的特点，导致电子在其表面进行传输时，产生自旋极化电流。利用该极化电流，可诱导近邻铁磁层发生自旋反转，实现自旋操控，进而构筑拓扑绝缘体自旋电子器件，有望应用于未来信息存储和量子计算等。同时，拓扑绝缘体具有超高的电子迁移率，通过合理的器件设计（如场致表面态带隙调控），有望构筑高性能拓扑绝缘体纳电子器件。利用磁性拓扑绝缘体薄膜中的量子反常霍尔效应有望实现零耗散输运，从而获得高速、无损耗的电信号传输与芯片互联结构。从红外到太赫兹频段的超宽频响应使拓扑绝缘体在微电子、光电子及自旋电子学等方面具有令人瞩目的应用前景。其也可应用于倍频器、数字存储等方面。由于电子自旋与动量的锁定、极低的耗散，以及量子自旋霍尔效应，拓扑绝缘体是实现自旋电子学器件的优异候选材料。在光电子方面，当受到外界圆偏振光的激发时，拓扑绝缘体会产生自旋极化的光电流或者发射高自旋极化的光电子。利用拓扑表面态的这种特殊性质，可构建基于拓扑绝缘体的光电子器件。利用三维拓扑绝缘体表面的高电导率和具有纳米级别的厚度的特点，可以将其应用于柔性透明电极领域。同时，拓扑绝缘体因其具有较低的热导率和较高的电导率，具有优良的热电性质，可能应用于热电转化方面。

本章将从拓扑绝缘体自旋电子器件、纳电子器件、光电器件、透明导电薄膜、热电材料五个方面，对拓扑绝缘体可能的应用领域进行阐述。

5.1 拓扑绝缘体自旋电子器件

电流通过拓扑绝缘体表面时，会导致自旋累积，进而诱导近邻的铁磁层发生自旋反转，实现电子自旋的操控。因此，拓扑绝缘体/铁磁异质结构有望用于构筑未来自旋电子器件，实现信息存储及逻辑运算。本节将首先简要介绍自旋电子学的形成和发展，随后概述拓扑绝缘体自旋电子器件的研究现状。

5.1.1 自旋电子学的形成与发展

电子学和微电子学在 20 世纪取得了巨大成就。近几十年来，以半导体场效应晶体管为基本结构单元的大规模集成电路技术突飞猛进、日新月异，使人类进入信息化时代。传统的微电子学的发展，仅仅利用了电子具有电荷这一特征，并未涉及电子的另一特性——自旋。自旋电子学是利用电子的自旋特性进行信息的存储、传递与处理的一门新兴学科，其核心在于自旋相关导电，即电导或电阻随导电电子自旋而异。将电子自旋引入电子学增加了电子运动的维度，丰富了电子学的内容，使电子学和微电子学发生了很大的变化。

巨磁电阻（giant magneto resistance，GMR）现象的发现及其规律的确认奠定了自旋电子学的基础。1986 年，德国 Grünberg 等[1]采用布里渊光散射和磁光克尔效应，首次发现了在人工制备的纳米尺度单晶 Fe/Cr/Fe 结构中，铁磁层间可形成反铁磁耦合状态。1988 年，法国 Fert 等利用分子束外延的方法制备了（001）晶向 Fe/Cr 纳米磁性多层膜[2]。图 5.1（a）为低温下 30～60 个 Fe/Cr 叠层薄膜的磁电阻曲线，电流与膜面平行，磁电阻的饱和值接近 50%，比传统的各向异性磁电阻大了一个数量级以上，Fert 在文中将其命名为巨磁电阻效应，并用自旋相关导电的原理给予了解释。图 5.1（b）为 Grünberg 小组发表的 Fe 12 nm/Cr 1 nm/Fe 12 nm 三层膜和 25 nm 厚的 Fe 膜的室温磁阻曲线[3]。显然，前者的磁阻（1.5%）要远远大于后者的磁阻（–0.13%）。这种铁磁/非铁磁金属多层膜结构可以显著增强磁阻的现象引起大家对多层膜的研究热潮。之后研究发现，铁磁金属/绝缘层/铁磁金属三层结构的磁性隧道结具有更高的磁电阻。之所以称为隧道结是因为电流需要通过隧穿效应垂直跨过绝缘层。2008 年，以单晶 MgO 作为中间绝缘层的 FeCoB/MgO/FeCoB 磁性隧道结在室温下获得高达 604%的磁电阻比值，远高于金属型三明治结构[4]。

在自旋电子学发展中，另一个历史性的突破是自旋动量矩或力矩的转移（spin transfer torque，STT），当自旋极化的电流通过磁体时，传导电子与局域磁矩间会发生散射，转移给后者一个净力矩，引起铁磁体的磁矩的变化。在微电子学中的一个长期技术难题是产生磁场的器件难以微型化。电流诱导磁化解决了这一难题，带来了历史性的突破。基于传导电子的自旋力矩转移，用电流直接使磁化翻转进行存储器的写入，比传统的磁场写入更节省能量。图 5.2 为典型的磁性隧道结的磁阻随着电流变化的关系图，当电流达到一定值时，铁磁材料的磁矩发生改变，电阻发生突变，即直接用电流驱动磁矩的转变[5]。

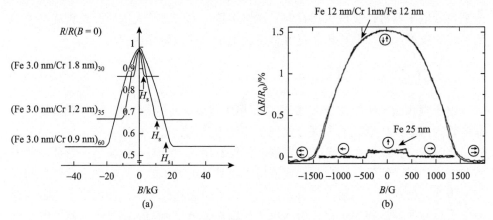

图 5.1　（a）Fe/Cr 多层膜的 MR-H 曲线[2]；（b）Fe 12 nm/Cr 1 nm/Fe 12 nm 三层膜的
GMR 曲线和 Fe 的各向异性磁阻曲线[3][1G（高斯）=10^{-4} T]

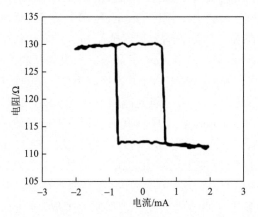

图 5.2　双过滤型的磁性隧道结多层膜结构中的电流诱导的磁化翻转[5]

5.1.2　基于拓扑绝缘体/铁磁界面的自旋电子器件

上文提到，自旋极化电流可使铁磁体发生自旋翻转，进而实现电阻的调变和信息存储，而发生自旋力矩转移的前提和关键是自旋极化电流的产生。自旋极化，即电子展现出朝一个方向的自旋属性。电子的自旋极化实际上就是磁性材料展现磁性的本质。例如，铁、钴、镍磁化就是其微观上电子自旋极化的宏观表现。使电子自旋极化的最简单的方式是外加磁场，使得本来自旋简并的电子发生能级分裂，进而出现自旋极化。对一个材料来说，自旋轨道耦合作用，相当于材料的内禀磁场。因此，电子经过一些自旋轨道耦合作用很强的材料时，会受到一个等效磁场，形成极化的自旋流。

拓扑绝缘体具有很强的自旋轨道耦合作用，其表面态中的传导电子的动量和自旋的方向是锁定的。在费米面上，其向右移动的电子只具有指向面外的自旋，而向左移动只具有面内的自旋。当在拓扑绝缘体两端加电压，由于体态的绝缘性，大部分电流从呈现金属性的表面态中流过，电流的存在导致电子分布在 k 空间中发生位移，k 空间中的分布不平衡会导致电子在自旋自由度上的分布同样表现出不平衡，因此拓扑绝缘体的表面将会产生自旋积累，积累的自旋对磁性层的磁矩有力矩作用，可以改变磁性层的磁化方向。利用此原理，以拓扑绝缘体/铁磁材料为基本结构单元，可实现自旋的操作，即构筑拓扑绝缘体自旋电子器件。

目前，基于拓扑绝缘体/铁磁界面的拓扑绝缘体自旋调控的工作并不多[6-10]。下面以 Bi_2Se_3/铁磁坡莫合金（$Ni_{81}Fe_{19}$, Py）[7]和（$Bi_{0.5}Sb_{0.5}$）$_2Te_3$/（$Cr_{0.08}Bi_{0.54}Sb_{0.38}$）$_2$Te双层膜结构为例，对其进行阐述。

2014 年，Ralph 课题组首先报道了拓扑绝缘体自旋力矩转移的实验证据[7]。他们发现，在室温条件下，在拓扑绝缘体 Bi_2Se_3 薄膜面内移动的电流确实可以施加自旋力矩于近邻的铁磁坡莫合金薄膜［图 5.3（a）］。具体而言，他们利用微波振荡电流在拓扑绝缘体表面诱导自旋极化的振荡电流，利用电子自旋力矩转移，使近邻的铁磁层发生铁磁进动和电阻振荡行为。利用自旋力矩铁磁共振技术，测量的电压 V_{mix} 与磁场角度 φ 满足 $V_{mix}^2 \propto \cos(\varphi)^2\sin(\varphi)$ 关系［图 5.3（b）］。这与电子自旋力矩转移的理论结果完全一致，证明该铁磁共振现象的确来源于拓扑绝缘体的电子自旋力矩转移。同时，对数据进行拟合发现，拓扑绝缘体 Bi_2Se_3 的自旋力矩转移效率是目前为止所有材料中最高的。该结果表明拓扑绝缘体确实可以在室温下对磁性材料进行非常有效的自旋操作，进而用于存储器和逻辑应用等领域。

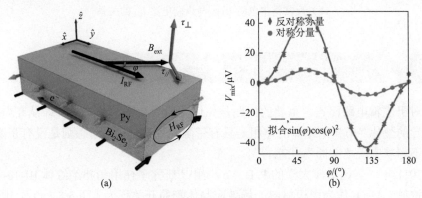

图 5.3　（a）Bi_2Se_3/铁磁坡莫合金自旋电子器件结构示意图；
（b）电压 V_{mix} 与磁场角度 φ 的关系[7]

同年，加利福尼亚大学洛杉矶分校的王康龙课题组研究了拓扑绝缘体/磁性掺杂拓扑绝缘体异质界面的电子自旋操控问题[6]。前期研究结果表明，Cr 掺杂的拓扑绝缘体$(Cr_{0.08}Bi_{0.54}Sb_{0.38})_2Te$ 在低温下具有很强的铁磁性，因此其物理模型也属于拓扑绝缘体/铁磁界面范畴。如图 5.4（a）所示，他们利用分子束外延方法生长了$(Bi_{0.5}Sb_{0.5})_2Te_3/(Cr_{0.08}Bi_{0.54}Sb_{0.38})_2Te$ 两层膜异质结构，其中$(Bi_{0.5}Sb_{0.5})_2Te_3$ 拓扑绝缘体的厚度为 3 个五倍层，$(Cr_{0.08}Bi_{0.54}Sb_{0.3})_2Te$ 磁性掺杂拓扑绝缘体的厚度是 6 个五倍层。他们发现，在低温弱磁场条件下，可以通过改变纵向电流的大小，改变铁磁层的自旋方向［图 5.4（b）］。该调控十分有效，其临界电流密度很小，低至 $8.9 \times 10^4 \, A/cm^2$。该工作非常明确地展示了利用电流实现拓扑绝缘体/铁磁界面的自旋操控的可能性。

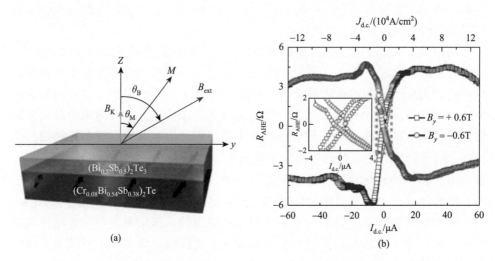

图 5.4 （a）$(Bi_{0.5}Sb_{0.5})_2Te_3/(Cr_{0.08}Bi_{0.54}Sb_{0.38})_2Te$ 自旋电子器件结构示意图；
（b）反常霍尔电阻 R_{AHE} 与纵向电流 $I_{d.c.}$ 的关系[6]

5.2 拓扑绝缘体纳电子器件

对于逻辑电路而言，重要的问题是如何实现晶体管的开与关，即从高电导向低电导的变化。拓扑绝缘体的体相是具有带隙的半导体，表面态则是没有带隙的，因此不容易实现"关断"状态。

2011 年，美国普渡大学的 P. D. Ye 小组[11]研究了使用拓扑绝缘体 Bi_2Te_3 作为沟道材料，Al_2O_3 作为栅极材料的场效应晶体管的开关行为［图 5.5（a）］。由其输出特性曲线和转移特性曲线可知［图 5.5（b）～（d）］，基于拓扑绝缘体 Bi_2Te_3 的晶体管在栅压调制下，无法实现良好的关断，其开关比仅仅接近于 2。

为了制作基于拓扑绝缘体的逻辑电路，必须寻找一些方法打开表面态的带隙。方法之一是利用三维拓扑绝缘体的有效尺寸效应打开表面态带隙，进而制作场效

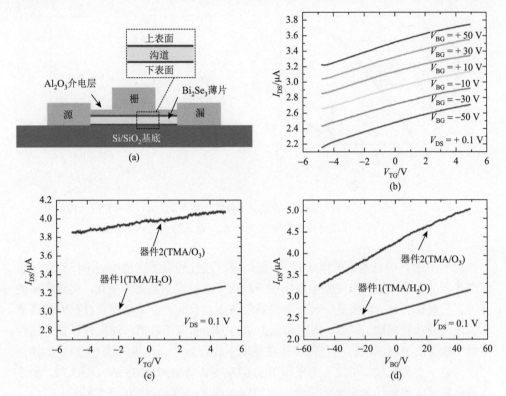

图 5.5　Bi_2Te_3 双栅晶体管的 I-V 特性[11]。（a）器件结构示意图；（b）输出特性曲线；（c）顶栅调制的转移特性曲线；（d）背栅调制的转移特性曲线

应晶体管。2013 年，美国得克萨斯大学奥斯汀分校的 Chang 等[12]利用理论计算的方法预测了薄层 Bi_2Se_3 作为场效应晶体管沟道材料的可行性。在 3 QL 以下，拓扑绝缘体 Bi_2Se_3 的表面态会被打开非零的带隙。其中，厚度为 1 QL 的 Bi_2Se_3 的带隙将达到 497 meV。以 HfO_2 为顶栅的薄层 Bi_2Se_3 场效应晶体管，性能可与硅晶体管相比拟[图 5.6（a）]。如图 5.6（b）、（c）所示，其理论开关比可达 10^{12}，$V_{ds} = 0.5$ V时，开态电流可高达 500 μA/μm。

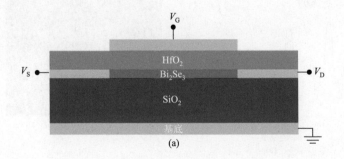

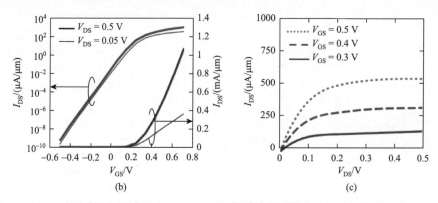

图 5.6 理论计算下的薄层 Bi_2Se_3 场效应晶体管性能[12]。（a）晶体管的结构；
（b）理论预测栅转移曲线；（c）不同栅下的输出特性曲线

另一个潜在的方法是外电场调控。假如可以通过外电场直接控制拓扑绝缘体表面态带隙的大小，则可以使外电场作用下载流子浓度发生显著的变化，实现器件的开关。更重要的是，这将是一种全新的场效应调控机制，有可能解决目前困扰硅基集成电路的功耗问题。例如，福建师范大学的 Zhang 等通过第一性原理计算了磁性铬原子掺杂的薄层 Bi_2Se_3 拓扑绝缘体在电场下的行为[13]，结果发现 Cr 原子的掺杂可使得电子更加局域，带隙从无电场下的 0.099 eV 增加到 0.235 eV（图 5.7）。如果这种性质被应用到场效应晶体管中，有望较大程度改善晶体管的开关特性。

拓扑绝缘体在纳电子器件中的另一重要应用是作为无损耗的导线。随着集成电路集成度的不断提高，器件和导线的尺寸都达到了纳米尺寸。对于目前使用的金属导线来说，在如此小的空间尺度上具有巨大的电阻和电容会导致巨大的发热效应，对集成电路的性能和能耗产生不利影响。另外，对于芯片与芯片间的互联，金属导线在速度等方面也愈加不能满足计算能力日益增大的数字系统的需求。利用拓扑绝缘体的表面态或者边缘态输运有望实现完全无损耗且高速的输运，对信息技术的未来走向可能产生重大影响。

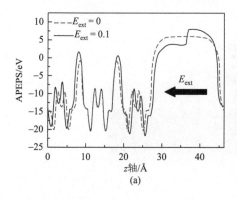

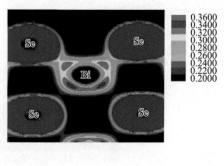

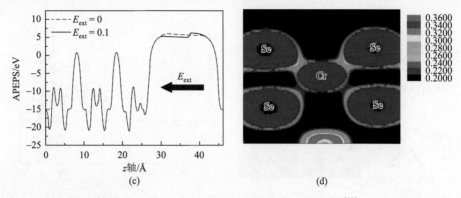

图 5.7 理论计算下的薄层 Bi_2Se_3/Cr 掺杂 Bi_2Se_3 在电场调制下的行为[13]。（a）、（b）纯粹 Bi_2Se_3
在有无外电场下的行为；（c）、（d）Cr 掺杂 Bi_2Se_3 在有无外电场下的行为

5.3 拓扑绝缘体光电器件

当受到外界圆偏振光激发时，拓扑绝缘体会产生自旋极化的光电流或者发射自旋极化的光电子[14]。利用拓扑表面态的这种特殊性质，可构建基于拓扑绝缘体的光电子器件，如光热电[15]、光电阴极[16]以及其他对太赫兹到红外光区域敏感的高速光电器件[17]等。

5.3.1 拓扑表面态光电流的产生和控制

在平衡状态下，拓扑绝缘体表面会形成净自旋流但没有净电流流过[14][图 5.8（a）]，而当表面态被外界圆偏振光激发时，这种自旋流会转化为自旋极化的净电流 [图 5.8（b）]，即光电流。图 5.8（c）是 Bi_2Se_3 二维结构的光电流测试器件的几何构造，QWP 是一个 1/4 波片（wave plate），通过旋转此波片的角度来调节入射偏振光的极化方向，同时测量 j_y 方向的光电流，可得到光电流与入射光极化方向的依赖关系，从而把自旋极化的表面光电流与其他热电电流等区分开来。图 5.8（d）中，当外界光源照在器件沟道（Bi_2Se_3）的中心位置时（$y = 0$）产生的净电流主要来源于光生电流（photocurrent）而非热电电流（thermoelectric current）。

进一步地，这里的光电流（j_y）与入射圆偏振光的极化方向是紧密相关的，是一个自旋相关的过程，如图 5.9 所示。光电流大小也和入射光的入射方向有关，当入射方向与器件沟道垂直时，自旋极化的光电流变得很小，几乎消失。因此，在拓扑绝缘体 Bi_2Se_3 二维结构的光电器件中，自旋极化的光电流是来自于拓扑表面态的非对称光激发。利用外界光源的偏振性质和极化方向，可以控制表面自旋极化电流的大小和方向，使得这种光电器件可被应用于自旋电子学中。

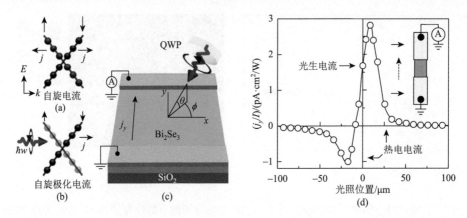

图 5.8　拓扑绝缘体中光生电流和热电电流的区分[14]。（a）平衡状态下的自旋电流示意图；（b）圆偏振光激发下的极化自旋电流示意图；（c）光电流测试结构图；（d）电流密度随光照位置的变化

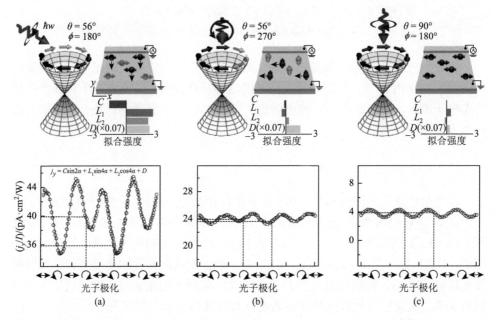

图 5.9　圆偏振光不同极化方向下，来自拓扑表面态自旋极化的表面光生电流[14]。（a）$\theta = 56°$，$\phi = 180°$；（b）$\theta = 56°$，$\phi = 270°$；（c）$\theta = 90°$，$\phi = 180°$

5.3.2　拓扑绝缘体在光热电器件中的应用

通过圆偏振光可以选择性激发拓扑绝缘体的表面态，从而产生自旋极化的表面态。同时由于自旋方向与动量方向的锁定关系，样品中会产生定向的光电流。Bi_2Se_3 也是一个很好的热电材料，在非均匀的光辐照下，会产生光热电效应。而自旋极化的表面态载流子会被光热产生的温度梯度加速，进而额外地提高自旋极

化电流，最终加强光热电效应[15]。图 5.10 是圆偏振光入射角为 30°时的光热电器件测量结果。其中图 5.10（a）是外界光源照射在电压测量仪表的正极附近，此时右手圆偏振光（RCP）激发的表面态电子的定向运动方向与热梯度方向一致，从而会增强光热电压。同理，如图 5.10（b）所示，当外界光源照射在电压测量仪表的接地端（负极）时，左手圆偏振光（LCP）会增强光热电压。因此，自旋极化的表面态光生载流子由于光热电效应的诱导而加速运动的现象会在光-自旋-热电子学中展示出潜在的应用可能。

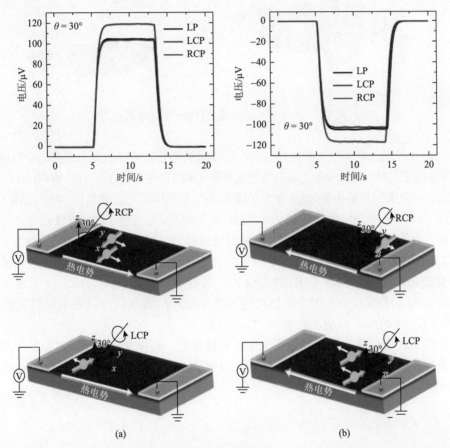

图 5.10 自旋极化的拓扑表面态对光热电效应的增强[15]。（a）外界光源照射在电压测量仪表的正极附近，光热电压产生曲线；（b）光源照射在电压测量仪表的接地端（负极）时，光热电压产生曲线

5.3.3 拓扑绝缘体表面态光电子的操纵及其在光电阴极器件中的潜在应用

采用高效的自旋分辨光电子能谱仪和高强度激光光源，可以获得来自表面态的光电子的相关性质，如光电子的自旋极化方向与入射偏振光极化方向的依赖性。

图 5.11[16]是光电子检测系统的几何结构图，入射光始终与 Bi_2Se_3 单晶表面成 45°角，而入射光可以是线性偏振光，也可以是圆偏振光。光电子沿着与 Bi_2Se_3 单晶垂直的 z 方向进入光检测器，光检测器可以分别获得沿 y 轴和沿 z 轴的电子自旋极化方向（即自旋相对值 P_y 和 P_z）。

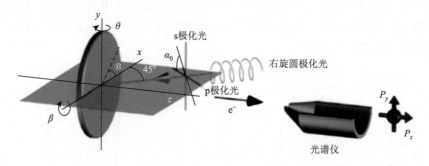

图 5.11　拓扑表面态的光发射电子的探测系统[16]

通过控制入射偏振光的极化方向，可以操纵拓扑绝缘体表面态的光电子自旋方向。p 极化方向的线性偏振光激发的光电子沿 y 轴的自旋方向分布（P_y）如图 5.12（a）所示，可以看到与拓扑表面态一致的自旋劈裂（蓝色区域为自旋向上，红色区域为自旋向下）。当入射光转变为 s 极化方向后，发射的表面态光电子的自旋极化方向完全反转，如图 5.12（b）所示。进一步采用圆偏振光，可操纵拓扑表面态光电子沿 z 轴方向的自旋极化方向。当圆偏振光为右手极化方向时，发射光电子沿 z 轴的自旋极化方向全部向下 [图 5.12（c）]，其自旋相对值 $P_z = -0.8$。而当圆偏振光转化为左手极化方向时，发射光电子沿 z 轴的自旋极化方向完全反转为向上 [图 5.12（d）]，其自旋相对值为 $P_z = +0.8$。

综上，将拓扑绝缘体应用于光电阴极器件时，可将其作为一个自旋极化的电子束源，而且这个电子束源的自旋极化方向可以被入射光操控。这些特性是基于 GaAs 等材料传统的光电阴极器件所不具备的。

5.3.4　拓扑绝缘体中的超快表面光电流及其在超快光电器件中的潜在应用

实验证实，拓扑绝缘体表面电流对外界光激发的反应时间在皮秒量级，因此可以利用圆偏振激光脉冲对表面电流的自旋极化方向进行超快控制[17]。图 5.13 是基于拓扑绝缘体 Bi_2Se_3 的时间分辨、超快速光探测器的几何结构示意图，其中时间分辨光电流测试（$I_{sampling}$）是通过激光脉冲触发的 Auston-Switch 方法来实现的，进一步利用表面态电流对圆偏振光脉冲（pump laser）的手性依赖性，可快速将表面态自旋极化电流与体相电流区分开来。

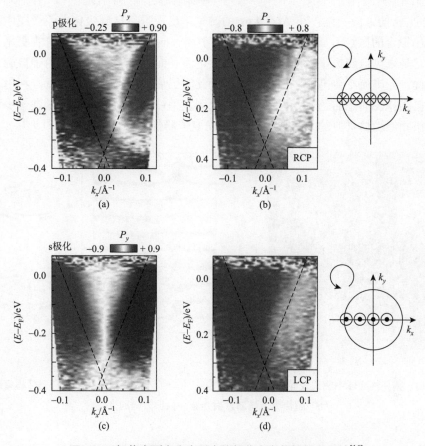

图 5.12　拓扑表面态光电子自旋极化方向的操纵和翻转[16]

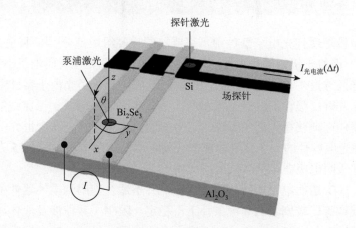

图 5.13　基于拓扑绝缘体的超快光探测器[17]

图 5.14（b）给出了拓扑绝缘体 Bi_2Se_3 器件中的光电流 $I_{sampling}$ 随脉冲激光辐

照时间 Δt 的方向变化。在 $\Delta t = 4$ ps 的时刻，出现瞬态自旋极化电流（图中红色和蓝色拟合的区域），这个电流幅度的大小和方向随入射光偏振方向的变化而变化，它是来自自旋极化表面态的超快表面电流。而当 $\Delta t \geqslant 5$ ps 后，由于自旋去极化过程，光电流不会再有手性依赖，因为此时已启动体相的光热电流。利用对这种来自拓扑表面态的超快光电流的快速检测及手性控制的技术，可以进一步开发基于拓扑绝缘体材料的太赫兹/红外高速光电子器件。

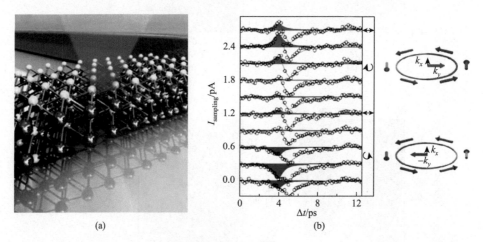

图 5.14   拓扑绝缘体中超快表面光电流的手性控制[17]。（a）Bi_2Se_3 晶体结构和器件模型图；（b）超快光电流随入射光脉冲偏振方向的变化

5.4 ▶▶ 拓扑绝缘体透明导电薄膜

透明电极是现代光电子器件中不可或缺的重要组成部分[18]。目前为止，ITO（氧化铟锡）得益于极好的导电性和可见光区良好的透光性（面电阻小于 100 Ω/□ 时，可见光区透过率仍可达 90%），已被广泛应用于各类光电子器件中，如太阳能电池、光发射二极管、LED 显示屏等。近些年来，便携式、可穿戴的柔性、可弯曲电子器件逐渐获得人们的青睐，这方面的研究工作也正在全世界范围内广泛开展。柔性光电器件的一个关键构成部分就是柔性透明电极，图 5.15 为不同导电性能的柔性透明电极在相关领域内的应用[19]。

但是，ITO 透明电极质地较脆、易碎，并不适合应用到柔性器件中。此外，ITO 在酸或碱等比较剧烈的环境条件下不稳定，限制了其在涉及液体环境的光电器件［如燃料敏化太阳能电池（DSSC）］中的应用。另外，ITO 透明导电膜在近红外光区有很大的吸收，限制了其在红外成像、红外传感、红外光发射器件等领域中的应用。为了弥补 ITO 透明电极的不足，人们正在积极寻求其他类型的可替

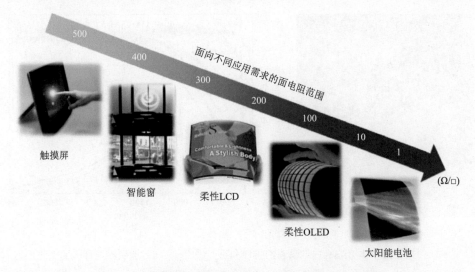

图 5.15　不同导电性的柔性透明电极的相关应用领域[19]

代材料来构建应用更广泛的透明柔性电极, 如金属纳米线网络[20]、碳纳米管网络[18]以及石墨烯薄膜[21]等。近年来, 北京大学研制了基于拓扑绝缘体纳米结构的柔性透明电极, 发现其展现出了一系列优异的性能, 包括良好的导电性、优异的红外光区透过率、极好的机械柔性以及很强的化学稳定性[22]。

5.4.1　基于拓扑绝缘体 Bi$_2$Se$_3$ 二维薄膜的柔性透明电极

2012 年, 北京大学彭海琳等[22]利用范德瓦耳斯外延的方法直接在透明柔性的云母基底上生长了 Bi$_2$Se$_3$ 二维薄膜。进而构建了拓扑绝缘体柔性透明电极。如图 5.16 (a) 所示的光学照片清楚地展示了 Bi$_2$Se$_3$ 二维薄膜/云母体系良好的可弯曲性和透光性。同时, 图 5.16 (b) 中的插图光学照片进一步展示了不同厚度的 Bi$_2$Se$_3$ 连续薄膜的透光性。可以看到 10 nm、20 nm、25 nm 等不同厚度的样品均显示出肉眼可见的高透光性。紫外-可见-近红外光谱仪可以用来定量测试 Bi$_2$Se$_3$ 二维薄膜的透过率, 数据显示, 6 nm 厚的样品在可见光区的透过率为 60%～70%, 当样品厚度在 20 nm 以上时在可见光区的透过率低至 30%。但是在近红外区(1.5～3 μm), 不同厚度的样品均显示出极好的透过率(高达 80%～90%)。而传统的 ITO 透明导电膜虽然在可见光区有好的透过率(>80%), 但是在近红外区的透过率则急剧降低(1000 nm 以上小于 40%)。拓扑绝缘体二维薄膜在近红外区的高透光性是由于其自旋非简并的表面态载流子的光学跃迁是被禁阻的, 而且它的载流子共振吸收边位于远红外区。拓扑绝缘体 Bi$_2$Se$_3$ 二维薄膜这样独特的光学性质使其可用于红外光电子器件的光学窗口。

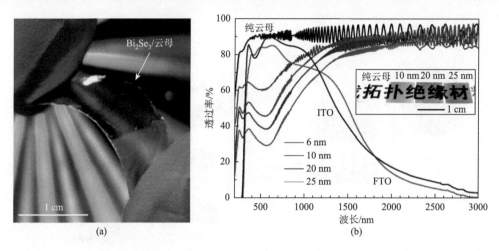

图 5.16　拓扑绝缘体 Bi_2Se_3 二维薄膜的柔性和透光性[22]。（a）透明导电薄膜的实物图；
（b）紫外-可见-红外全光谱透过率测试曲线

　　为了评估拓扑绝缘体二维薄膜的电学性能，通常采用传统的光刻工艺，直接在生长了 Bi_2Se_3 二维薄膜的云母基底上制备 Hall-bar 结构的器件阵列。图 5.17（a）展示了在 $1\ cm \times 3\ cm$ 的大面积 Bi_2Se_3 二维薄膜上制备的电极阵列，从光学照片上可以清晰地看到遍布整个基片的大面积 Hall-bar 结构的电极阵列图案。图 5.17（b）是单个测量单元的扫描电子显微镜照片，其中紫色部分为金电极，蓝色部分为拓扑绝缘体二维结构的导电通道，从扫描电子显微镜图上可以比较准确地测量出导电沟道宽度和长度。图 5.17（c）是单个测量器件的 *I-V* 特征曲线，计算得四探针电阻为 $460\ \Omega$，进一步求得面电阻为 $330\ \Omega/\square$。可以看到拓扑绝缘体透明电极的导电性非常优异，可与 CVD 生长的石墨烯相比拟。

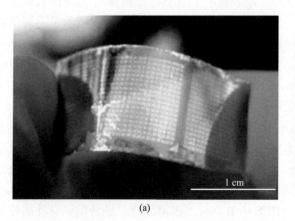

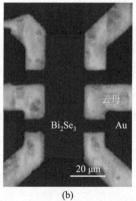

(a)　　　　　　　　　　　　　　　　(b)

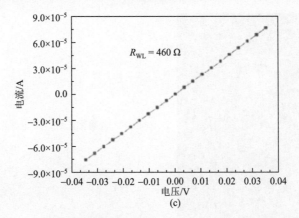

图 5.17　拓扑绝缘体二维薄膜器件构筑与电学测试[22]。（a）大面积 Hall-bar 电极结构阵列；（b）单个测量单元的 SEM 图；（c）四探针 I-V 测量曲线

角分辨光电子能谱（ARPES）是获取拓扑绝缘体能带结构的强有力工具[23]。图 5.18 给出了以上 Bi_2Se_3 二维薄膜的 ARPES 表征结果，可以清晰地看到处于体相带隙中的狄拉克锥的表面态能带结构，其中狄拉克点位于费米能级以下约 320 meV 处。虽然由于体相中的阴离子缺陷位和大气中的掺杂效应，费米能级处于导带中，但是实验表明 Bi_2Se_3 二维薄膜的拓扑表面态是非常牢固的，即使是保存好几个月并连续暴露在空气中好几天的样品，也能清晰地观察到狄拉克锥的表面态。根据 ARPES 的测量结果，可以进一步分别估算得到表面态和体能带的载流子浓度。例如，对于厚度 10 nm 的 Bi_2Se_3 二维薄膜，其表面态的载流子浓度为 1.6×10^{13} cm^{-2}，而体能带的载流子浓度为 1.7×10^{13} cm^{-2}。可以看到，两者在同一数量级。因此，拓扑绝缘体二维结构中大的比表面积可以在很大程度上增加表面态在薄膜整体导电性中的贡献，再加上这种金属表面态在电子输运过程中可跨越晶界和缺陷，不会形成散射。这使得表面态形成的导电网络通道在拓扑绝缘体透明电极中发挥极其重要的作用（图 5.18）。

在下一代柔性光电子器件应用中，柔性透明电极的机械耐受性也是一个非常重要的考量。传统的 ITO 由于其本身质地比较脆，没有很好的可弯曲性能，大大限制了其在柔性光电器件中的应用。基于拓扑绝缘体二维薄膜或二维网格的透明电极，由于 Bi_2Se_3 二维材料本身及云母基底的柔性，加之 Bi_2Se_3 二维薄膜/网格与云母之间很好的黏着力，会使得这类透明电极展现出很好的可弯曲性以及机械耐受性。图 5.19（a）是各类透明电极的电阻随电极弯曲半径的变化趋势，可以看到拓扑绝缘体 Bi_2Se_3 二维薄膜/云母体系构成的透明电极有极好的机械耐受性能，即使曲率半径到 2 mm，其电阻也几乎没有变化。而 ITO 构成的透明电极被弯曲到曲率半径为 6 mm 时，其电阻就会急剧变大，导电性变得很差。图 5.19（b）展示了不同类透明电极的导电性随反复弯曲次数的变化趋势，可以看到 Bi_2Se_3 基的电

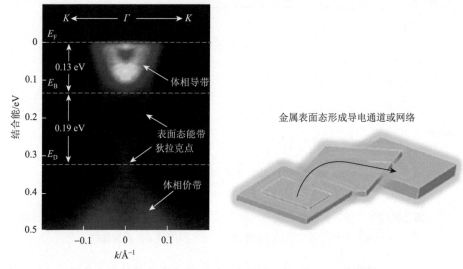

图5.18 拓扑绝缘体 Bi_2Se_3 二维薄膜的角分辨光电子能谱[22]

极即使被反复弯曲 1000 次以上，其电阻仅增大 3%，导电性仍保持得极好，而 ITO 基的电极随着弯曲次数的增加，其电阻不断增大。在电极的弯曲过程中，导电薄膜中产生的缺陷、错位等会破坏 ITO 等传统导电膜的完整性，并严重降低其导电性，而这些因素对基于拓扑绝缘体二维结构的透明电极的影响很小，因为金属性的拓扑表面态是时间反演对称的，其导电性不会受到材料缺陷、位错等的影响。

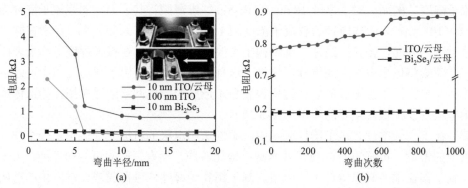

图5.19 拓扑绝缘体柔性透明电极的机械耐受性测试[22]。（a）透明电极的电阻随电极弯曲半径的变化；（b）透明电极的导电性随反复弯曲次数的变化

5.4.2 基于拓扑绝缘体二维网格的宽光谱柔性透明电极

利用选区范德瓦耳斯外延生长的方法，结合网格状的模板，可以获得拓扑绝缘体 Bi_2Se_3 的二维网格结构[24] ［图 5.20（a）、（b）］。图 5.20（c）是一类二维网格的光学显微照片，其中圆形镂空区域的直径为 50 μm，而格子条纹的宽度为 30 μm。很显然，

这种二维网格结构会极大地提高其透光性。图 5.20（d）中的紫外-可见-近红外光谱数据比较了二维网格（Bi_2Se_3 grid）、连续二维薄膜（Bi_2Se_3 film）及 ITO 膜的光吸收特性。可以看到，Bi_2Se_3 二维网格在 400～3000 nm 波长的宽光谱范围内的透过率均在 80%以上，在可见光区高于 Bi_2Se_3 连续二维薄膜（40%），在近红外区高于 ITO 膜（<60%）。因此这类拓扑绝缘体二维网格结构可以用来构建宽光谱透明电极，如图 5.20（b）所示。

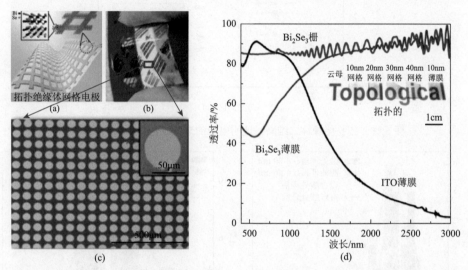

图 5.20　拓扑绝缘体二维网格及其透光性[24]。（a）拓扑绝缘体二维网格结构示意图；（b）薄膜实物图；（c）薄膜金相显微镜下的光学图；（d）紫外-可见-近红外全光谱透过率测试曲线

通过调节二维格子镂空尺寸的大小，可以调节透光性，同时影响面电阻。镂空尺寸越大，透过率越大，但是面电阻越大。因此透光性与导电性之间要有一个权衡折中。图 5.21 给出了不同尺寸的二维网格在三个特征光波长下的透过率以及相应的面电阻，最低面电阻（2000 Ω/□）的网格在可见光范围（550 nm）内的透过率可达 70%。虽然这些结果还远远比不上 ITO 透明导电膜的指标，但是这种拓扑绝缘体二维网格结构的透明导电膜可以满足电容触摸屏、液晶显示器等光电器件的应用要求。

透明电极应用于实际的光电子器件时，必须考虑其化学稳定性。例如，碳纳米管网络对紫外光敏感，PET 基 ITO 会被丙烯酸（acrylic acid）腐蚀，而金属纳米线网络电极在氧化环境中其导电性会严重降低。与这些传统材料不同，基于拓扑绝缘体的透明电极拥有极其牢固的受拓扑保护的金属表面态[25]，这会极大提高其化学耐受性。图 5.22 分别给出了拓扑绝缘体 Bi_2Se_3 二维网格透明电极在丙烯酸、紫外光、氧等离子体环境下的稳定性测试结果。可以看到，在各种化学环境中，二维网格透明电极的导电性变化都很小，酸处理前后面电阻从 2.6 kΩ/□ 到 2.8 kΩ/□，紫外光照前后面电阻从 3.9 kΩ/□ 到 4.1 kΩ/□，而氧等离子体处理前后面电阻从 4.9 kΩ/□ 到 5.0 kΩ/□。

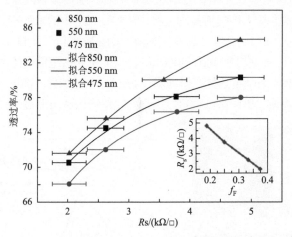

图 5.21 拓扑绝缘体二维网格透明电极的透光性和导电性的关系[24]

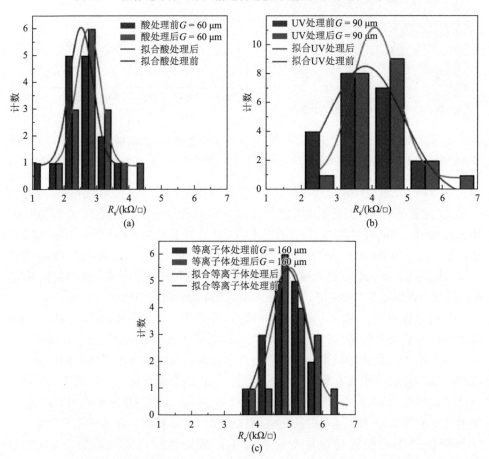

图 5.22 拓扑绝缘体二维网格的化学稳定性测试[24]。（a）耐丙烯酸测试；（b）耐紫外光辐照测试；（c）耐氧气等离子体轰击测试

5.4.3　基于 Cu 插层拓扑绝缘体 Bi₂Se₃ 复合物的网格透明电极

上文提到，通过选区范德瓦耳斯外延制备拓扑绝缘体网格结构，可以提高薄膜的占空比，将拓扑绝缘体 Bi_2Se_3 透明薄膜可见光区的透明性从 40% 提高到 80%，并保持相对较小的方块电阻（2000 Ω/□）。但是这距离透明导电薄膜的实际应用还有很远的距离，需要进一步提高其导电性和透明性。

拓扑绝缘体 Bi_2Se_3 具有层状晶体结构，原则上通过合理的设计，有可能在其范德瓦耳斯间隙中插入金属杂原子，实现对拓扑绝缘体的电子结构的显著调控。例如，向拓扑绝缘体中插入 Cu 原子，可实现其由拓扑绝缘体向拓扑超导体的转变。由此得到启发，是否可以通过类似的方法进一步提升拓扑绝缘体柔性电极的各项性能呢？研究发现（图 5.23），通过铜原子插层，拓扑绝缘体网格电极的透光性和导电性会得到极大的提升[26]。其薄膜的方块电阻低至 300 Ω/□，可见光波段的透光性指标分别由 68% 优化至 82%，而近红外波段透过率可高达 91%。这些铜原子插层（Cu-intercalated）的二维透明导电网格薄膜在很大区域内表现出高度的均一性和环境稳定性，如紫外线、热波动和机械变形下的性能保持度。这些拥有独特属性的铜原子插层网格拓扑绝缘体纳米结构，可能会在高性能的透明电极、柔性光电领域，特别是红外光电器件中展现出良好的应用前景。

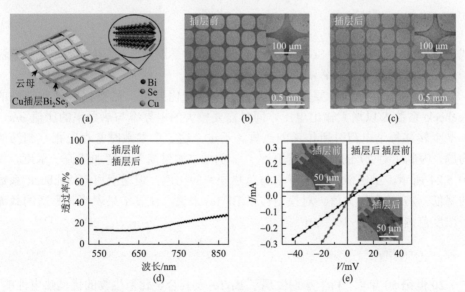

图 5.23　（a）Cu 插层拓扑绝缘体 Bi_2Se_3 透明导电薄膜的原理示意图；（b）、（c）插层前后的光学照片；（d）插层前后的透光性对比图；（e）插层前后的电学性质对比图[26]

对拓扑绝缘体的发现和持续探索，极大地丰富了凝聚态物理的内容，给化学家、材料学家的加入带来了契机，在这个过程中展现出拓扑绝缘体走向应用的可能性。利用拓扑绝缘体表面态的一系列奇特的光电性质，不仅可以构筑自旋极化的光电子和光电流器件，作为自旋电子源以及很好的光-热-电机理探测器，在更普适的应用上，还可以构建出导电性良好且高度可抗外界环境干扰的柔性透明电极。研究表明这种透明导电薄膜具有很大的提升空间。值得指出的是，虽然拓扑绝缘体很多新奇的性质决定了它在电子、光电子器件中的应用前景，但是拓扑绝缘体构成的光电器件或拓扑透明电极的研发工作仍然处于实验室的基础研究阶段。要进一步推动这类光电器件在实际中的规模应用，还有很多问题需要解决，如拓扑绝缘体材料生长的精确控制、性能优化、批量制备、集成封装以及与现有行业的兼容性等。

5.5 拓扑绝缘体热电材料

热电材料是将热能和电能相互转化的功能材料，常用于将热能转化为电能或消耗电能进行制冷，如利用工业余热、汽车废热等进行温差发电，制造小型制冷装置等，也能用于温度探测，如热电偶。衡量热电材料好坏的指标是反映热能到电能转化效率的无量纲数——热电优值 ZT。在材料各部分性质均匀时，ZT 与热电材料相关物理参数关系可由式（5.1）给出：

$$ZT = \frac{\sigma S^2 T}{\kappa} \tag{5.1}$$

式中，σ 为电导率；S 为 Seebeck 系数；T 为热力学温度；κ 为热导率，包括载流子热导率 κ_c 和晶格热导率 κ_h 两部分。

由式（5.1）可知，要想获得更高的热电转化效率，需要材料具有较高的 Seebeck 系数 S 以增大输出电压。同时需要较大的电导率与热导率的比值 σ/κ，以减少转移每个电荷时所传递的热量。不过，这三个参数时常存在相互制约的问题，限制了对 ZT 的进一步提升[27, 28]。例如，如果简单地增加载流子浓度，如图 5.24 所示，虽然能提高电导率与总热导率的比值，但是会引起 Seebeck 系数的降低，ZT 具有极大值。对模型体系 Bi_2Te_3 来说，计算结果表明其最适的载流子浓度范围在 $10^{19} \sim 10^{20}$ cm^{-3}。

5.5.1 拓扑绝缘体的热电效应

20 世纪 50 年代，科学家们发现了 Bi_2Te_3 及其合金化衍生物的优良热电性能，热电材料正式走上历史舞台[29]。而拓扑绝缘体概念的提出晚将近半个世纪[30]。人们发现，经典的热电材料 Bi_2Te_3 衍生物，竟然是拓扑绝缘体，而很多拓扑绝缘体同时也是理想的热电材料。自然地，拓扑绝缘体的热电效应成了关注的焦点。那两者有什么内在关联呢？

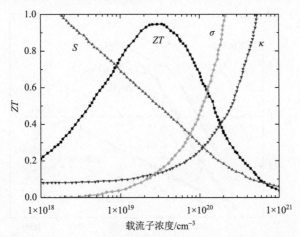

图 5.24　模拟计算的 Bi_2Te_3 总热导率、电导率、Seebeck 系数随载流子浓度变化图[27]

　　由于拓扑绝缘体要实现价带和导带的反转，必须存在强的自旋轨道耦合相互作用，这种相互作用是相对论效应导致的。对重元素而言，因为其外层电子运动速度更快，相对论效应更明显，自旋轨道耦合作用更强，因此，拓扑绝缘体一般由重元素组成。

　　重元素构成的材料具有极低的声子热导率 κ_h，进而可以带来很高的热电优值 ZT。这就是拓扑绝缘体通常也是优良的热电材料的原因。

　　重元素构成的材料声子热导率极低的原因如下：由于声子热导率 $\kappa_h = C_v\lambda v/3$，其中 C_v 为晶体热容，λ 为声子自由程，v 为晶体声速；声子自由程 λ 反比于声子数 n；而由于高频声子的碰撞更容易发生翻转过程，只有翻转过程才对热导有贡献，因此主要考虑频率较高的声子，声子的分布律近似退化为玻尔兹曼分布，声子数 $n \approx \exp(-\hbar w/k_BT)$；而振动频率 w 满足 $w^2 \propto k/\mu$，其中 k 为键力常数，μ 为相邻两原子约化质量。因此，重元素意味着较高的振动约化质量 μ，较低的振动频率 w，指数增加的高频声子数量 n，极短的声子自由程 λ，从而带来极低的声子热导率 κ_h，进而显著提高热电材料的 ZT 值。

　　因此，拓扑绝缘体一般具有较高的 ZT 值，能够作为良好的热电材料。当然，好的热电材料不一定是拓扑绝缘体。例如，实用的高温热电材料多为 PbTe 衍生物，就不是拓扑绝缘体，其能带在倒易空间内发生了偶数次反转。

5.5.2　拓扑绝缘体热电材料体系

　　各热电材料在不同温度下 ZT 值如图 5.25 所示[31]。其中实用的高温热电材料多为 PbTe 的衍生物；而更为常用的室温低温热电材料，无论 n 型还是 p 型，ZT 值最高的都是 $(Bi, Sb)_2(Te, Se)_3$ 系列的 Bi_2Te_3 合金化衍生物，是三维拓扑绝缘体。这也是商业化应用最广的热电材料，商业级产品室温下 ZT 值已经达到 0.9。

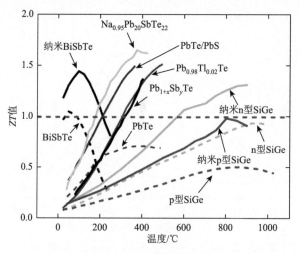

图 5.25　各热电材料不同温度下的 ZT 值[31]

　　回溯历史不难发现，人们发展了各种方法对拓扑绝缘体的热电性质进行优化，如合金化，试图调控其掺杂类型、载流子浓度；合成纳米晶，增强其声子散射、降低热导率等。总体而言，可以在一定程度上对拓扑绝缘体的热电性质进行优化。2008 年，美国波士顿大学任志峰和麻省理工学院陈刚研究团队[32]合作制备了拓扑绝缘体 $Bi_{0.5}Sb_{1.5}Te_3$。他们先在惰性氛围下将 $Bi_{0.5}Sb_{1.5}Te_3$ 块体球磨成纳米粉状，随后用热压方法制成多晶块材。相关的电学输运表明 [图 5.26（a）]，该 p 型合金多晶粉末的热电性能显著提升，室温下其多晶的 ZT 值接近 1.2，在约 100℃达到峰值，超过 1.4。通过进一步的微观形貌表征和建模，他们发现其热电优值的提高来源于该纳米晶结构的晶界和缺陷处明显增强的声子散射，从而降低了其热导率 [图 5.26（b）]。另外，拓扑绝缘体在高温下热处理往往会产生额外的缺陷，增加

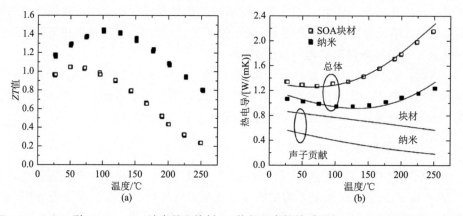

图 5.26　（a）p 型 $Bi_{0.5}Sb_{1.5}Te_3$ 纳米晶和块材 ZT 值与温度的关系图；（b）p 型 $Bi_{0.5}Sb_{1.5}Te_3$ 纳米晶和块材热导率与温度的关系图[32]

其载流子浓度，并进一步增强声子散射概率。2015 年，浙江大学赵新兵研究团队[33] 合成了拓扑绝缘体 $Bi_2Te_{2.79}Se_{0.21}$，其通过高温热处理将转化为晶体结构为 $Bi_2Te_{2.7}Se_{0.3}$，造成额外的缺陷，增强其声子散射概率和电导率。结果表明，经过 高温热处理后，其 *ZT* 值从 0.9 增加到 1.1，约 85℃时达到峰值 1.2。

此外，改变拓扑绝缘体的几何参数，如减小其厚度，可能会对拓扑绝缘体的 热电性能产生显著影响［图 5.27（a）］。中国科学技术大学谢毅教授研究团队[34] 研究发现，用单层 Bi_2Se_3 无规压结而成的复合材料热电性能要远优于普通的体材料 Bi_2Se_3。他们发现，单层 Bi_2Se_3 较体相 Bi_2Se_3 具有更高的电导率 σ、更低的热导率 κ 和更高的 Seebeck 系数绝对值$|S|$，因此其热电优值 *ZT* 大幅提升［图 5.27（b）］，这表明将拓扑绝缘体的厚度减薄到纳米尺度可有效提高拓扑绝缘体的热电效率。

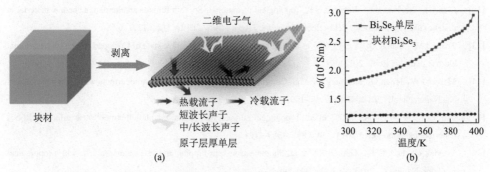

图 5.27　（a）将块体材料减薄至二维单层材料以提高热电性能；（b）单层与 体相 Bi_2Se_3 于不同温度下 *ZT* 值[34]

总体来说，尽管 Bi_2Te_3 合金化衍生物等拓扑绝缘体已经实现商业化应用，但 其热电性能还有待进一步提升。相信随着我们对拓扑绝缘体理论和实验研究的深 入，可能对拓扑绝缘体类热电材料的热电性能进行进一步优化。另外，新型拓扑 绝缘体材料的开发，也可能为热电材料家族注入新鲜血液。

参 考 文 献

[1]　Grünberg P，Schreiber R，Pang Y，et al. Layered magnetic structures：evidence for antiferromagnetic coupling of Fe layers across Cr interlayers. Phys Rev Lett，1986，57（19）：2442-2445.

[2]　Baibich M N，Broto J M，Fert A，et al. Giant magnetoresistance of（001）Fe/（001）Cr magnetic superlattices. Phys Rev Lett，1988，61（21）：2472-2475.

[3]　Binasch G，Grunberg P，Saurenbach F，et al. Enhanced magnetoresistance in layered magnetic structures with antiferromagnetic interlayer exchange. Phys Rev B，1989，39（7）：4828-4830.

[4]　Ikeda S，Hayakawa J，Ashizawa Y，et al. Tunnel magnetoresistance of 604% at 300 K by suppression of Ta diffusion in CoFeB/MgO/CoFeB pseudo-spin-valves annealed at high temperature. Appl Phys Lett，2008，93（8）：3.

[5]　Meng H，Wang J，Wang J P. Low critical current for spin transfer in magnetic tunnel junctions. Appl Phys Lett，

2006，88（8）：3.

[6]   Fan Y B，Upadhyaya P，Kou X F，et al. Magnetization switching through giant spin-orbit torque in a magnetically doped topological insulator heterostructure. Nat Mater，2014，13（7）：699-704.

[7]   Mellnik A R，Lee J S，Richardella A，et al. Spin-transfer torque generated by a topological insulator. Nature，2014，511（7510）：449-451.

[8]   Shiomi Y，Nomura K，Kajiwara Y，et al. Spin-electricity conversion induced by spin injection into topological insulators. Phys Rev Lett，2014，113（19）：5.

[9]   Li C H，van 't Erve O M J，Robinson J T，et al. Electrical detection of charge-current-induced spin polarization due to spin-momentum locking in Bi_2Se_3. Nat Nanotechnol，2014，9（3）：218-224.

[10]   Fan Y B，Wang K L. Spintronics based on topological insulators. Spin，2016，6（2）：13.

[11]   Liu H，Ye P D. Atomic-layer-deposited Al_2O_3 on Bi_2Te_3 for topological insulator field-effect transistors. Appl Phys Lett，2011，99（5）：3.

[12]   Chang J，Register L F，Banerjee S K. Topological insulator Bi_2Se_3 thin films as an alternative channel material in metal-oxide-semiconductor field-effect transistors. J Appl Phys，2012，112（12）：6.

[13]   Zhang J M，Lian R Q，Yang Y M，et al. Engineering topological surface state of Cr-doped Bi_2Se_3 under external electric field. Sci Rep，2017，7：8.

[14]   McIver J W，Hsieh D，Steinberg H，et al. Control over topological insulator photocurrents with light polarization. Nat Nanotechnol，2012，7（2）：96-100.

[15]   Yan Y，Liao Z M，Ke X X，et al. Topological surface state enhanced photothermoelectric effect in Bi_2Se_3 nanoribbons. Nano Lett，2014，14（8）：4389-4394.

[16]   Jozwiak C，Park C H，Gotlieb K，et al. Photoelectron spin-flipping and texture manipulation in a topological insulator. Nat Phys，2013，9（5）：293-298.

[17]   Kastl C，Karnetzky C，Karl H，et al. Ultrafast helicity control of surface currents in topological insulators with near-unity fidelity. Nat Commun，2015，6：6.

[18]   Hecht D S，Hu L B，Irvin G. Emerging transparent electrodes based on thin films of carbon nanotubes，graphene，and metallic nanostructures. Adv Mater，2011，23（13）：1482-1513.

[19]   Bae S，Kim S J，Shin D，et al. Towards industrial applications of graphene electrodes. Phys Scr，2012，T146：8.

[20]   Wu H，Kong D S，Ruan Z C，et al. A transparent electrode based on a metal nanotrough network. Nat Nanotechnol，2013，8（6）：421-425.

[21]   Jeong C W，Nair P，Khan M，et al. Prospects for nanowire-doped polycrystalline graphene films for ultratransparent，highly conductive electrodes. Nano Lett，2011，11（11）：5020-5025.

[22]   Peng H L，Dang W H，Cao J，et al. Topological insulator nanostructures for near-infrared transparent flexible electrodes. Nat Chem，2012，4（4）：281-286.

[23]   Xia Y，Qian D，Hsieh D，et al. Observation of a large-gap topological-insulator class with a single Dirac cone on the surface. Nat Phys，2009，5（6）：398-402.

[24]   Guo Y F，Aisijiang M，Zhang K，et al. Selective-area Van der Waals epitaxy of topological insulator grid nanostructures for broadband transparent flexible electrodes. Adv Mater，2013，25（41）：5959-5964.

[25]   Zhang T，Cheng P，Chen X，et al. Experimental demonstration of topological surface states protected by time-reversal symmetry. Phys Rev Lett，2009，103（26）：4.

[26]   Guo Y F，Zhou J Y，Liu Y J，et al. Chemical intercalation of topological insulator grid nanostructures for high-performance transparent electrodes. Adv Mater，2017，29（44）：8.

[27] Muchler L, Casper F, Yan B H, et al. Topological insulators and thermoelectric materials. Phys Status Solidi-Rapid Res Lett, 2013, 7 (1-2): 91-100.

[28] Snyder G J, Toberer E S. Complex thermoelectric materials. Nat Mater, 2008, 7 (2): 105-114.

[29] Rosi F D, Abeles B, Jensen R V. Materials for thermoelectric refrigeration. J Phys Chem Solids, 1959, 10 (2-3): 191-200.

[30] Kane C L, Mele E J. Z_2 topological order and the quantum spin Hall effect. Phys Rev Lett, 2005, 95 (14): 4.

[31] Minnich A J, Dresselhaus M S, Ren Z F, et al. Bulk nanostructured thermoelectric materials: current research and future prospects. Energy Environ Sci, 2009, 2 (5): 466-479.

[32] Poudel B, Hao Q, Ma Y, et al. High-thermoelectric performance of nanostructured bismuth antimony telluride bulk alloys. Science, 2008, 320 (5876): 634-638.

[33] Hu L P, Wu H J, Zhu T J, et al. Tuning multiscale microstructures to enhance thermoelectric performance of n-type bismuth-telluride-based solid solutions. Adv Energy Mater, 2015, 5 (17): 13.

[34] Sun Y F, Cheng H, Gao S, et al. Atomically thick bismuth selenide freestanding single layers achieving enhanced thermoelectric energy harvesting. J Am Chem Soc, 2012, 134 (50): 20294-20297.

关键词索引